天问叶班

数学问题征解100题 (II)

2017—2019

哈尔滨工业大学出版社
HITP · HARBIN INSTITUTE OF TECHNOLOGY PRESS

内 容 简 介

本书介绍了湖南长沙天问教育旗下一支优秀的数学学习团队——2017届"天问叶班"在学习过程中所积累的丰硕成果,包括数学竞赛中常见的100题,并且给出了优秀的原创解答,有些题目还给出了多种解法.

本书适合中学生及数学爱好者参考阅读.

图书在版编目(CIP)数据

天问叶班数学问题征解100题. II, 2017—2019/叶军,石方梦圆主编. —哈尔滨:哈尔滨工业大学出版社,2020.7

ISBN 978-7-5603-8831-1

Ⅰ.①天… Ⅱ.①叶… ②石… Ⅲ.①数学—竞赛题—题解 Ⅳ.①O1-44

中国版本图书馆CIP数据核字(2020)第088821号

策划编辑	刘培杰 张永芹	
责任编辑	张永芹 孙 阳	
封面设计	孙茵艾	
出版发行	哈尔滨工业大学出版社	
社 址	哈尔滨市南岗区复华四道街10号 邮编150006	
传 真	0451-86414749	
网 址	http://hitpress.hit.edu.cn	
印 刷	哈尔滨市工大节能印刷厂	
开 本	787mm×1092mm 1/16 印张17.25 字数395千字	
版 次	2020年7月第1版 2020年7月第1版	
书 号	ISBN 978-7-5603-8831-1	
定 价	98.00元	

(如因印装质量问题影响阅读,我社负责调换)

作者简介

⊙

叶军,1963 年 4 月出生,湖南益阳人.从事大学、中小学数学教育教学研究 30 余年,全国奥数江湖风云人物,天问数学创始人.湖南师范大学数学课程教学论、竞赛数学方向硕士研究生导师,第 21 届"华杯赛"主试委员会特邀委员,曾担任湖南省高中数学竞赛省队总领队,湖南省教委主办的高中理科实验班总教练.

在《数学通报》等省级刊物上发表论文 100 余篇,已经出版的专著有《数学奥林匹克教程》《初中数学奥林匹克实用教程》(共四册)等十余部.1994 年被中国数学会数学奥林匹克委员会授予首批"中国数学奥林匹克高级教练员"称号,同年 7 月被省政府破格提升为数学副教授,2014 年获教育部"第四届全国教育硕士研究生优秀导师"称号.

序言

"不积跬步，无以至千里；不积小流，无以成江海."著名思想家荀子用两个日常的比喻，生动形象地诠释了积累和坚持在学习中的重要作用.本书介绍了湖南长沙天问教育旗下一支优秀的数学学习团队"天问叶班"在学习过程中所积累的丰硕成果.

2017届"天问叶班"是天问教育面向湖南全省选拔招生的第二届六年级"牛娃"班级，全班共60人，平均年龄12岁，经过长达两年的坚持学习和艰苦锤炼，这一届的学员们已如期顺利学完"叶班"所有课程内容，该班学员中绝大部分将进入长沙四大高中名校理科实验班学习.

考虑到本书是2017届"天问叶班"数学问题征解100题集锦，是"天问叶班"学员们日积月累的一份实打实的学习成果，所以我们有必要好好地了解一下"天问叶班".

1.什么是"天问叶班"？

"天问叶班"是由湖南师范大学竞赛数学方向的硕士研究生导师叶军教授带领天问数学奥林匹克数学团队经过长期的课堂教学实践和不断的创新探索而最终开设的一个班型，这是天问数学所有奥数班级中的一个明星班级.

"天问叶班"从每届初一开始，放眼六年，提前长远规划，备战中考和高考，这是"天问叶班"的培养目标.

"天问叶班"有着他人不可复制的独一无二的三大教学特色：独特的数学课程体系、专业的数学写作训练、新颖的数学问题征解.

2.什么是数学写作？

数学写作是对中学生数学语言、数学思想方法、数学学习行为习惯等多方面的考查，是学生数学学习情况的一个综合展示.数学写作能使学生对已有的数学认知结构进行回顾，对问题进行解释、反省，并产生组织和整合等一系列数学活动，它让学生重新梳理和总结，加深认识，提供自我质疑和自我反思的机会，促进学生全面发展.书写解答就是把打通的解题思路用文字表达出来说服自己和别人.数学作业和数学考试答题是它在中学数学中的两种常见的表现形式.

"天问叶班"主要教学内容之一是进行数学写作训练,学会数学写作不仅是小升初学生学好奥数的必备素质,也是初、高中学生在中考、高考中取得高分的必备能力,而这正是"天问叶班"积极倡导、追求并付诸实践的教学目标.

3.什么是"天问叶班"数学问题征解?

"天问叶班"数学问题征解这一栏目是"天问叶班"数学教学的重要辅助手段,其目的是培养孩子们的数学阅读能力、探究能力、分析能力、理解能力、写作能力、反思能力,提升孩子们的学习竞争力和数学成就感,加深孩子们对数学写作的认识和理解,增加孩子们对数学学习的兴趣和动力,点燃孩子们对数学解题的信心与热情.

目前,2016 届"天问叶班"已发布 100 道题,2017 届"天问叶班"已发布 100 道题,2018届"天问叶班"已发布近 80 道题,2019 届"天问叶班"已发布近 40 道题.

4.2016 届"天问叶班"取得了哪些成绩?

(1)"天问叶班"初一段学员参加 2017 年"迎春杯"比赛,7 人获得一等奖;"天问叶班"初一段学员参加 2017 年初二组"学用杯"比赛,11 人获得一等奖;在第二十二届"华杯赛"初一组决赛中取得优异的成绩,湖南地区前十名"天问叶班"学员占 9 人、前二十名占 17 人、前五十名占 28 人.

(2)2016 届优秀学员代表温玟杰同学在 2018 年暑假"清华飞测"中表现优异,取得非常突出的成绩,成功签约清华省——本.

(3)2016 届优秀学员代表刘家瑜同学在北大数学"金秋营"中取得优异成绩,获得北京大学高考降一本录取自主招生协议,成功签约北京大学.

(4)2016 届优秀学员代表刘家瑜同学在"清华飞测"的笔试和面试中成绩优秀,顺利获得最优惠一本约,是湖南省初中生中同时获得清华大学与北京大学一本约的唯一一位.

(5)2016 届线上优秀学员代表叶丰硕同学以满分获得澳洲数学竞赛 AMC 的最高奖,更以优异成绩入选澳洲国家夏令营(全澳洲 12 年级以下共 46 人).

(6)2016 届优秀学员代表陈苗卓同学凭借出众的才华和超长的发挥,以最小的年龄、优异的成绩成为全国高中数学联赛湖南省队的一员.

本书凝聚了叶军数学工作站编辑部所有成员的不懈努力与辛勤付出,同时也得到了全国各地许多名师学者们的大力支持,在此谨表示衷心的感谢.

本书中的不当和疏失之处,我们真诚地欢迎各位专家和同仁批评指正及讨论商榷.

交流邮箱:yejunshuxue@163.com.

叶军数学工作站编辑部

2019 年 10 月

目 录
CONTENTS

目录 CONTENTS

目 录
CONTENTS

不等式中的最值问题
——2017届叶班数学问题征解001解析

1. 问题征解001

设实数 a 满足 $5a \leqslant 2a^3 - 3a \leqslant |a|$，求实数 a 的最大值和最小值.

（叶军数学工作站编辑部提供，2017 年 5 月 20 日.）

2. 问题001解析

解析　由 $5a \leqslant |a|$，得 $a \leqslant 0$.

又当 $a = 0$ 时，$5 \times 0 \leqslant 2 \times 0^3 - 3 \times 0 \leqslant |0|$ 成立.

所以 $a_{\max} = 0$.

另一方面，已知不等式化为（当 $a < 0$ 时）

$$\begin{cases} 5a \leqslant 2a^3 - 3a \\ 2a^3 - 3a \leqslant -a \\ a < 0 \end{cases} \Leftrightarrow \begin{cases} 5 \geqslant 2a^2 - 3 \\ 2a^2 - 3 \geqslant -1 \\ a < 0 \end{cases} \Leftrightarrow \begin{cases} 1 \leqslant a^2 \leqslant 4 \\ a < 0 \end{cases} \Leftrightarrow -2 \leqslant a \leqslant -1$$

又当 $a = -2$ 时，$5 \times (-2) \leqslant 2 \times (-2)^3 - 3 \times (-2) \leqslant |-2|$ 成立.

所以 $a_{\min} = -2$.

综上所述，$a_{\max} = 0, a_{\min} = -2$.

（此解法由余博提供.）

3. 叶军教授点评

（1）凡是处理最值问题必须要遵循最值原则，一方面要构造不等号，另一方面必须要说明等号成立的条件.

（2）本题中实数 a 的取值范围是 $[-2, -1] \cup \{0\}$.

（3）本题的命题背景是 2016 年高中联赛一试第一题：

设实数 a 满足 $a < 9a^3 - 11a < |a|$，则 a 的取值范围是_____.

解析　由 $a < |a|$ 知 $a < 0$，故原不等式化为

$$1 > \frac{9a^3 - 11a}{a} > \frac{|a|}{a} = -1$$

所以

$$-1 < 9a^2 - 11 < 1$$

所以

$$\frac{10}{9} < a^2 < \frac{4}{3}$$

所以

$$-\frac{2\sqrt{3}}{3} < a < -\frac{\sqrt{10}}{3}$$

求解集合元素个数问题
——2017 届叶班数学问题征解 002 解析

1. 问题征解 002

设 $\overline{abc}$ 为三位数, 求集合 $\{x \mid x^2 - 2\,999x - 3\,\overline{abc} = 0, x \in \mathbf{N}^*\}$ 的元素个数.

（叶军数学工作站编辑部提供,2017 年 5 月 28 日.）

2. 问题 002 解析

解法一　假设存在 $x \in \mathbf{N}^*$,使得

$$x^2 - 2\,999x - 3\,\overline{abc} = 0$$

则

$$x(x - 2\,999) = 3\,\overline{abc} > 0$$

从而

$$x > 2\,999$$

若 $x \geqslant 3\,000$,则

$$x(x - 2\,999) \geqslant 3\,000$$

所以

$$3\,\overline{abc} \geqslant 3\,000$$

所以 $\overline{abc} \geqslant 1\,000$,矛盾.

故 $2\,999 < x < 3\,000$,而这与 $x \in \mathbf{N}^*$ 矛盾.

所以元素个数为 0.

（此解法由余博提供.）

解法二　设原方程有两根 x_1, x_2 . 其中 x_1 为正整数,由韦达定理有

$$\begin{cases} x_1 + x_2 = 2\,999 & \text{①} \\ x_1 \cdot x_2 = -3\,\overline{abc} & \text{②} \end{cases}$$

由 ① 知 x_2 是整数,由 ② 知 $x_2 < 0$,故 x_2 为负整数,所以 $x_2 + 1 \leqslant 0$.

① + ② 得

$$x_1 x_2 + x_1 + x_2 = 2\,999 - 3\,\overline{abc}$$

所以

$$(x_1 + 1)(x_2 + 1) = 3\,000 - 3\,\overline{abc} \leqslant 0$$

所以 $\overline{abc} \geqslant 1\,000$,矛盾,所以原方程无正整数解,所以元素个数为 0.

（此解法由王子晗提供.）

解法三　原方程可化为

$$(x - 3\,000)(x + 1) = 3\,\overline{abc} - 3\,000$$

因为 $\overline{abc} < 1\,000, x \in \mathbf{N}^*$,所以

$$x - 3\,000 < 0$$

所以 $\qquad\qquad\qquad\qquad x \leqslant 2\,999$

所以

$$3\,\overline{abc} = x(x - 2\,999) \leqslant 0$$

所以 $\overline{abc} \leqslant 0$,矛盾,所以元素个数为 0.

(此解法由易湘杰提供.)

3. 叶军教授点评

(1) 本题还有如下解法:

解析 假设关于 x 的方程 $x^2 - 2\,999x - 3\,\overline{abc} = 0$ 有正整数解,则判别式 $\Delta = 2\,999^2 + 12\,\overline{abc}$ 是奇完全平方数,故 $\Delta \geqslant 3\,001^2$.

则 $12\,\overline{abc} \geqslant 3\,001^2 - 2\,999^2 \geqslant 12\,000$,这说明 Δ 不可能是完全平方数,故原方程无正整数解,所以元素个数为 0.

(2) 本题可进一步转化为:求证方程 $|x^2 - 2\,999x| = 3\,\overline{abc}$ 无整数解.

证明 若方程有整数解,则 $x^2 - 2\,999x = \overline{abc}$,已证矛盾.

当 $x^2 - 2\,999x = -3\,\overline{abc}$ 时

$$x^2 - 2\,999x < 0$$
$$\Rightarrow 0 < x < 2\,999$$
$$\Rightarrow 1 \leqslant x \leqslant 2\,998$$
$$\Rightarrow (x-1)(x - 2\,998) \leqslant 0$$

即

$$x^2 - 2\,999x + 2\,998 \leqslant 0$$
$$\Rightarrow -3\,\overline{abc} + 2\,998 \leqslant 0$$
$$\Rightarrow 3\,\overline{abc} \geqslant 2\,998 > 2\,997 = 3 \times 999$$
$$\Rightarrow \overline{abc} > 999 \Rightarrow \overline{abc} \geqslant 1\,000$$

矛盾.

所以原方程无整数解.

列举法表示集合问题
——2017 届叶班数学问题征解 003 解析

1. 问题征解 003

用列举法表示下列集合

$$A = \left\{ (a,b) \left| \frac{ab^2 + b + 7}{|b^2 - 7a|} = \frac{1}{m}, a \in \mathbf{N}^*, b \in \mathbf{N}^*, m \in \mathbf{N}^* \right. \right\}$$

（叶军数学工作站编辑部提供,2017 年 6 月 3 日.）

2. 问题 003 解析

解析　　因为 $a, b \in \mathbf{N}^*, \frac{ab^2 + b + 7}{|b^2 - 7a|} = \frac{1}{m}, m \in \mathbf{N}^*$,所以

$$|b^2 - 7a| \geqslant ab^2 + b + 7 > 0$$

若 $b^2 \geqslant 7a$,则由 $a \in \mathbf{N}^*, b \in \mathbf{N}^*$ 有

$$ab^2 + b + 7 \leqslant b^2 - 7a$$

所以

$$ab^2 \leqslant b^2 - 7a - b - 7 < b^2$$

即

$$b^2(1 - a) > 0$$

所以 $a < 1$,这与 $a \in \mathbf{N}^*$ 矛盾.

故 $b^2 < 7a$,于是有

$$ab^2 + b + 7 \leqslant 7a - b^2$$

所以

$$ab^2 \leqslant 7a - b^2 - b - 7 < 7a$$

即

$$a(7 - b^2) > 0$$

所以

$$b^2 < 7$$

所以

$$b = 1, 2$$

（1）当 $b = 1$ 时

$$m = \frac{7a - 1}{a + 8} = 7 - \frac{57}{a + 8} \in \mathbf{N}^*, 57 = 3 \times 19 = 1 \times 57$$

所以

$$a + 8 = 19, 57$$

所以

$$a = 11,49$$
$$m = 4,6$$

(2) 当 $b=2$ 时

$$m = \frac{7a-4}{4a+9} = \frac{2(4a+9)-(a+22)}{4a+9} = 2 - \frac{a+22}{4a+9}$$

所以 $4m = 8 - \frac{4a+88}{4a+9} = 8 - \left(1 + \frac{79}{4a+9}\right) = 7 - \frac{79}{4a+9}$ 是正整数.

又 79 是质数,所以 $4a+9=79$,所以 $a = \frac{35}{2} \notin \mathbf{N}^*$ (舍去).

综上所述,$(a,b)=(11,1),(49,1)$,故 $A = \{(11,1),(49,1)\}$.

（此解法由罗楚凡提供.）

3. 叶军教授点评

(1) 本题主要采用的数学思想方法是不等式分析法,由于题中给出的表达式 $\frac{ab^2+b+7}{|b^2-7a|} = \frac{1}{m}$ 略显复杂,故需借助绝对值的性质以及 $a \in \mathbf{N}^*$,$b \in \mathbf{N}^*$,$m \in \mathbf{N}^*$ 进行相应的化简处理.

(2) 从罗楚凡同学的解答过程中可以看到其强大缜密的数学运算能力与严谨流畅的数学写作能力,值得同学们学习.

点的运动轨迹问题
——2017 届叶班数学问题征解 004 解析

1. 问题征解 004

如图 4.1 所示,点 P 为长为 2 的线段 AB 上任一点,在 AB 的同侧作两个等边三角形 $\triangle APM$,$\triangle BPN$,点 Q 为 MN 的中点,试求线段 PQ 长度的取值范围.

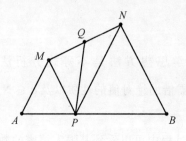

图 4.1

(叶军数学工作站编辑部提供,2017 年 6 月 10 日.)

2. 问题 004 解析

解析 如图 4.2 所示,延长 AM,BN 相交于点 K,则 $\triangle KAB$ 为边长为 2 的等边三角形,且四边形 $KMPN$ 为平行四边形(因为 $MP \parallel BK$,$PN \parallel AK$).

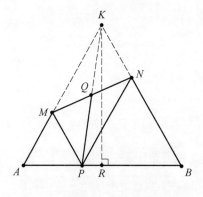

图 4.2

所以点 Q 为 KP 中点

$$PQ = \frac{1}{2}KP < \frac{1}{2}(PM + MK) = \frac{1}{2}AK = 1$$

另一方面,作 $KR \perp AB$ 于点 R,则

$$KR = \frac{\sqrt{3}}{2}AB = \sqrt{3}$$

所以

$$PQ \geqslant \frac{\sqrt{3}}{2}$$

等号成立当且仅当 AP 与 AR 重合.

综上所述, $\frac{\sqrt{3}}{2} \leqslant PQ < 1$, 即 PQ 的取值范围为 $\left[\frac{\sqrt{3}}{2}, 1\right)$.

(此解法由刘峻宁提供.)

3. 叶军教授点评

(1) 点是构成图形的最基本元素, 求解此类动点问题的关键在于把握运动过程中的不变量, 要从特殊情况、极端情形切入.

(2) 下面对本题做适当的推广与拓展, 有兴趣的同学可以尝试求解一下:

① 如图 4.3 所示, 四边形 $ABHK$ 是边长为 6 的正方形, 点 C, D 在边 AB 上, 且 $AC = DB = 1$, 点 P 是线段 CD 上的动点, 分别以 AP, PB 为边在线段 AB 的同侧作正方形 $AMNP$ 和正方形 $BRQP$, 点 E, F 分别为 MN, QR 的中点, 联结 EF, 记 EF 的中点为 G, 当点 P 从点 C 运动到点 D 时, 求点 G 运动路径的长.

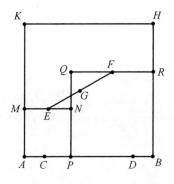

图 4.3

② 如图 4.4 所示, 已知线段 $AB = 10$, 点 C, D 在线段 AB 上, 且 $AC = DB = 2$, 点 P 为线段 CD 上的动点, 分别以 AP, PB 为边在线段 AB 的同侧作等边 $\triangle AEP$ 和等边 $\triangle PFB$, 联结 EF, 记 EF 的中点为 G, 当点 P 从点 C 运动到点 D 时, 求点 G 运动路径的长.

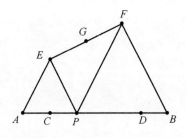

图 4.4

③ 如图 4.5 所示, 已知线段 $AB = 10$, 点 C, D 在线段 AB 上, 且 $AC = DB = 2$, 点 P 为线段 CD 上的动点, 分别以 AP, PB 为边向上、向下作正方形 $APEF$ 和正方形 $PHKB$, 设两个

正方形对角线的交点分别为 O_1，O_2，记 O_1O_2 的中点为 G，求点 G 运动路径的长.

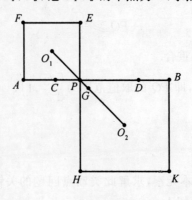

图 4.5

对称性的应用
——2017 届叶班数学问题征解 005 解析

1. 问题征解 005

用列举法表示集合 $A = \left\{ (m,n) \left| \dfrac{n^3+1}{mn-1} \in \mathbf{N}^*, m \in \mathbf{N}^*, n \in \mathbf{N}^* \right. \right\}$.

（叶军数学工作站编辑部提供，2017 年 6 月 16 日.）

2. 问题 005 解析

解析　先证

$$\frac{n^3+1}{mn-1} \in \mathbf{N}^* \Leftrightarrow \frac{m^3+1}{mn-1} \in \mathbf{N}^* \qquad ①$$

事实上

$$\frac{n^3+1}{mn-1} \in \mathbf{N}^* \Rightarrow mn-1 \mid m^3(n^3+1)$$

且

$$mn-1 \mid (mn)^3 - 1$$
$$\Rightarrow mn-1 \mid m^3(n^3+1) - (mn)^3 + 1$$
$$\Rightarrow mn-1 \mid m^3 + 1$$
$$\Rightarrow mn-1 \mid n^3(m^3+1)$$

且

$$mn-1 \mid (mn)^3 - 1$$
$$\Rightarrow mn-1 \mid n^3(m^3+1) - (mn)^3 + 1$$
$$\Rightarrow mn-1 \mid n^3 + 1$$
$$\Rightarrow \frac{n^3+1}{mn-1} \in \mathbf{N}^*$$

由 ① 体现的对称性，不妨设 $m \geqslant n \geqslant 1$.

当 $n=1$ 时，$\dfrac{2}{m-1} \in \mathbf{N}^*$，所以 $m=2,3$，$(m,n)=(2,1)$，$(3,1)$.

当 $n \geqslant 2$ 时，令 $k = \dfrac{n^3+1}{mn-1} \in \mathbf{N}^*$.

若 $m=n$，则 $k = \dfrac{n^3+1}{n^2-1} = n + \dfrac{1}{n-1}$，所以 $n-1=1$，$n=2$，$(m,n)=(2,2)$.

若 $m>n$，则

$$n^3+1 = k(mn-1) = kmn - k$$

所以

$$k = (km-n^2)n - 1$$

令 $r = km - n^2$,则 $r > 0$,且

$$k = rn - 1 = \frac{n^3 + 1}{mn - 1} < \frac{n^3 + 1}{n^2 - 1} = n + \frac{1}{n-1} \leqslant n + 1$$

所以

$$rn < n + 2 \leqslant 2n$$

所以

$$0 < r < 2$$

所以

$$r = 1$$

故

$$k = n - 1, m = \frac{n^2 + 1}{n - 1} = n + 1 + \frac{2}{n - 1} \in \mathbf{N}^*$$

所以 $n - 1 = 1, 2$;$n = 2, 3$,对应的 $m = 5$.所以 $(m, n) = (5, 2), (5, 3)$.

取消不妨设,得集合 A 的例举法表示为

$$A = \{(2,2),(1,2),(2,1),(1,3),(3,1),(2,5),(5,2),(3,5),(5,3)\}$$

(此解法由余博、马诺然提供.)

3. 叶军教授点评

(1) 本题又是一道用列举法表示集合的问题,难度有所提高. 但是仔细推敲,经过观察分析不难发现其具有对称性,在对称的条件下我们不妨设 $m \geqslant n \geqslant 1$,接下来分类讨论即可.

(2) 一个 n 元解析式 $f(x_1, x_2, \cdots, x_n)$ 称为对称式,当且仅当对于任意的 i,$j(1 \leqslant i < j \leqslant n)$ 都有

$$f(x_1, \cdots, x_i, \cdots, x_j, \cdots, x_n) \equiv f(x_1, \cdots, x_j, \cdots, x_i, \cdots, x_n)$$

由定义可知,对称式的各变元所处的地位相同,因此,对称式 $f(x_1, x_2, \cdots, x_n)$ 具有下列性质:

① 若对于变元 x_1, x_2,f 具有性质 p,则对于任意的变元 x_i, x_j,f 也具有性质 p;

② 对于 $x_1, x_2, \cdots, x_n$ 的任意排列 $x_{i1}, x_{i2}, \cdots, x_{in}$,有

$$f(x_{i1}, x_{i2}, \cdots, x_{in}) = f(x_1, x_2, \cdots, x_n)$$

因此,当讨论 f 具有某一性质时,可不妨设 $x_1 \geqslant x_2 \geqslant \cdots \geqslant x_n$.

(3) 一个 n 元解析式称为轮换对称式,当且仅当 x_2 代 x_1,x_3 代 x_2,$\cdots$,x_n 代 x_{n-1},x_1 代 x_n 时,有

$$f(x_1, x_2, \cdots, x_n) \equiv f(x_2, x_3, \cdots, x_n, x_1)$$

由轮换的特点,在解题中为了方便起见,我们可指定变元中 x_1 最大(或最小).

(4) 大量的代数问题甚至是几何问题都可以采用对称性及轮换特点加以解决,如以下的两个问题:

① 设 $x, y, z > 0$,求证

$$(x + y + z)^5 - (x^5 + y^5 + z^5) \geqslant 10(x + y)(y + z)(z + x)(xy + yz + zx)$$

等号成立当且仅当 $x = y = z$.

② 设 a, b, c 是三角形的三边长,求证

$$a^2b(a-b)+b^2c(b-c)+c^2a(c-a) \geqslant 0$$

并说明等号何时成立.

线段倍数关系的证明
——2017 届叶班数学问题征解 006 解析

1. 问题征解 006

如图 6.1 所示，设点 P 为 $\triangle ABC$ 内一点，$\angle PAB = \angle PBC = 18°$，$\angle PAC = \angle ABC = 36°$，求证：$PB = 2CD$.

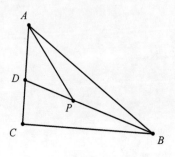

图 6.1

（叶军数学工作站编辑部提供，2017 年 6 月 24 日.）

2. 问题 006 解析

证明　如图 6.2 所示，延长 DC 至点 E，使 $DC = CE$，联结 BE，由条件可知

$$\angle DBC = \angle DBA = 18° = \angle PAB$$

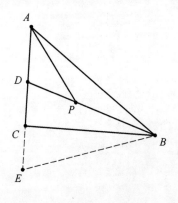

图 6.2

所以

$$\angle BAC = 36° + 18° = 54°$$

所以

$$\angle BAC + \angle ABC = 90°$$

所以
$$AC \perp BC$$

所以
$$\text{Rt}\triangle BDC \cong \text{Rt}\triangle BEC$$

所以
$$BD = BE$$

又
$$\angle ABE = 3 \times 18° = 54° = \angle EAB$$

所以
$$EA = EB = DB$$

又
$$\angle DPA = 36° = \angle DAP$$

所以
$$AD = PD$$

所以
$$ED + AD = PD + PB$$

所以
$$PB = ED = 2CD$$

（此解法由谭力仁提供.）

3. 叶军教授点评

(1) 一般地，碰到这种证明线段的倍数关系，特别是两倍关系的问题，最直接的思路就是去构造一条新的线段使其长度为短线段的两倍，再去证明该新线段与欲证等式中的长线段相等即可.

(2) 在本题中，关键在于利用已知的各个角度的关系，从而得出 $\triangle ABC$ 为直角三角形，进而构造了全等和多个等腰三角形，从而问题得以解决.

求解一道线段长度问题
——2017 届叶班数学问题征解 007 解析

1. 问题征解 007

如图 7.1 所示,在 $\triangle ABC$ 中,$\angle BAC = 120°$,AD 为中线,将 AD 绕点 A 顺时针旋转 $120°$ 得 AE,点 F 为 AC 上一点,$\angle ABE = \angle AFB$,$AF = 6$,$BE = 7$,求 CF 的长.

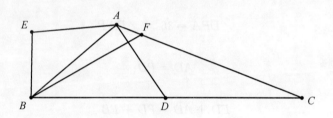

图 7.1

（叶军数学工作站编辑部提供,2017 年 7 月 1 日.）

2. 问题 007 解析

解析 如图 7.2 所示,将 $\triangle AEB$ 绕点 A 逆时针旋转 $120°$ 得到 $\triangle ADG$,则

$$\angle ABE = \angle AFB = \angle AGD$$

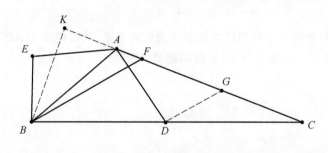

图 7.2

得

$$BF \parallel DG$$
$$DG = BE = 7$$

又 D 为 BC 中点,所以

$$BF = 2DG = 2BE = 14$$

令 $AB = AG = x$,在 $\triangle ABF$ 中,作 $BK \perp FA$ 延长线于点 K 得

$$\angle KAB = 60°$$

所以

$$KA = \frac{1}{2}x, BK = \frac{\sqrt{3}}{2}x$$

在 Rt$\triangle BKF$ 中,由勾股定理得

$$KF^2 + BK^2 = BF^2$$

所以

$$\left(\frac{1}{2}x + 6\right)^2 + \left(\frac{\sqrt{3}}{2}x\right)^2 = 14^2$$

$$\Leftrightarrow x^2 + 6x - 160 = 0$$

$$\Leftrightarrow (x + 16)(x - 10) = 0 \quad (x > 0)$$

所以

$$x = 10$$

所以

$$FG = AG - AF = 10 - 6 = 4$$

所以

$$FC = 2FG = 8$$

（此解法由谭湘龙提供.）

3. 叶军教授点评

（1）充分利用 $\angle ABE = \angle AFB$ 这一已知的角度条件,可以确定将 $\triangle AEB$ 绕点 A 逆时针旋转 $120°$ 得到的 $\triangle ADG$,其第三个顶点 G 一定落在边 AC 上,从而可以得出线段 BF 的长度.谭湘龙同学巧用这一核心思想,成功地解决了这一几何问题,值得点赞.

（2）对于线段 AB 的求解,当然更快的方法也可以在 $\triangle ABF$ 中利用余弦定理直接求出 AB 的长度:

在 $\triangle ABF$ 中,$AB = x$,$AF = 6$,$BF = 14$,$\angle BAF = 120°$,故由余弦定理得

$$\cos\angle BAF = \frac{AB^2 + AF^2 - BF^2}{2AB \cdot AF}$$

即

$$\cos 120° = \frac{x^2 + 6^2 - 14^2}{2 \cdot x \cdot 6}$$

解得

$$AB = x = 10$$

妙用三角法解几何证明问题
——2017 届叶班数学问题征解 008 解析

1. 问题征解 008

如图 8.1 所示,在矩形 $ABCD$ 中,点 E 在 BC 上,点 F 在 CD 上,$\triangle AEF$ 为等边三角形,求证:$S_{\triangle ABE} + S_{\triangle ADF} = S_{\triangle EFC}$.

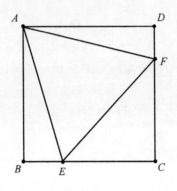

图 8.1

（叶军数学工作站编辑部提供,2017 年 7 月 8 日.）

2. 问题 008 解析

证明　设 $\angle BAE = \alpha$,$\angle FAD = \beta$,$\triangle AEF$ 的边长为 m,则

$$AB = m\cos \alpha$$
$$AD = m\cos \beta$$
$$BE = m\sin \alpha$$
$$DF = m\sin \beta$$
$$EC = BC - BE = m(\cos \beta - \sin \alpha)$$
$$FC = CD - DF = m(\cos \alpha - \sin \beta)$$
$$\alpha + \beta = 30°$$

所以

$$S_{\triangle ABE} + S_{\triangle ADF} = \frac{1}{2}m^2\cos \alpha \sin \alpha + \frac{1}{2}m^2\cos \beta \sin \beta =$$

$$\frac{1}{4}m^2(\sin 2\alpha + \sin 2\beta) =$$

$$\frac{1}{4}m^2 \cdot 2\sin (\alpha + \beta)\cos (\alpha - \beta) =$$

$$\frac{1}{4}m^2\cos (\alpha - \beta)$$

$$S_{\triangle EFC} = \frac{1}{2}m^2 (\cos\beta - \sin\alpha)(\cos\alpha - \sin\beta) =$$

$$\frac{1}{2}m^2 \left[\cos(\alpha-\beta) - \frac{1}{2}(\sin 2\alpha + \sin 2\beta) \right] =$$

$$\frac{1}{2}m^2 \left[\cos(\alpha-\beta) - \sin(\alpha+\beta)\cos(\alpha-\beta) \right] =$$

$$\frac{1}{4}m^2 \cos(\alpha-\beta)$$

所以 $S_{\triangle ABE} + S_{\triangle ADF} = S_{\triangle EFC}$（证毕）.

（此证法由余博提供.）

3. 叶军教授点评

（1）余博同学采用三角法成功地解决了本问题. 三角法最大的好处在于将一些较复杂的几何推理建立在三角计算的基础之上，以计算助推理，无辅或少辅求解，有效避开不知从何着手添构辅助线和盲目乱添乱画等现象. 当然三角法对学生的三角素养要求较高，要求学生必须具备完善的三角函数知识和较强的三角函数计算能力. 从余博同学的解答过程来看，其具有深厚的代数计算能力与扎实的三角功底基础.

（2）本题也可以采用纯几何法解决：

如图 8.2 所示，延长 CB 至点 G，使 $\angle BAG = 30°$，延长 BC 至点 H，使 $\angle CFH = 30°$，则 $AG = 2GB$，$FH = 2CH$，$\angle G = \angle H = 60°$，所以

$$\angle 1 + \angle GAE = 120°$$

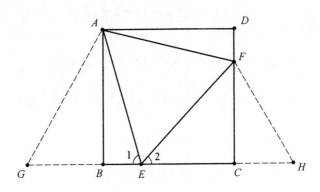

图 8.2

因为 $\triangle AEF$ 为正三角形，所以

$$AE = EF, \angle AEF = 60°$$

所以

$$\angle 1 + \angle 2 = 120°$$

所以

$$\angle 2 = \angle GAE$$

所以

$$\triangle AGE \cong \triangle EHF$$

所以

$$GE = HF = 2CH, EH = GA = 2GB$$

所以

$$BE = GE - BG = 2CH - BG$$
$$EC = EH - CH = 2BG - CH$$

所以

$$BC = BE + EC =$$
$$2CH - BG + 2BG - CH =$$
$$BG + CH =$$
$$\frac{\sqrt{3}}{3}(AB + FC)$$

所以 $AB + FC = \sqrt{3} BC$.

设 $BC = 1, FC = x$, 则 $AB = \sqrt{3} - x, DF = \sqrt{3} - 2x$, 则

$$BE^2 = m^2 - AB^2 =$$
$$AD^2 + DF^2 - AB^2 =$$
$$1 + (\sqrt{3} - 2x)^2 - (\sqrt{3} - x)^2 =$$
$$(\sqrt{3} x - 1)^2$$

所以

$$BE = \sqrt{3} x - 1$$
$$EC = 1 - (\sqrt{3} x - 1) = 2 - \sqrt{3} x$$

所以

$$S_{\triangle ABE} + S_{\triangle ADF} = \frac{1}{2} AB \cdot BE + \frac{1}{2} AD \cdot DF =$$
$$\frac{1}{2}(\sqrt{3} - x)(\sqrt{3} x - 1) + \frac{1}{2}(\sqrt{3} - 2x) =$$
$$x - \frac{\sqrt{3}}{2} x^2$$
$$S_{\triangle CEF} = \frac{1}{2} CE \cdot CF =$$
$$\frac{1}{2} x(2 - \sqrt{3} x) =$$
$$x - \frac{\sqrt{3}}{2} x^2$$

所以 $S_{\triangle ABE} + S_{\triangle ADF} = S_{\triangle CEF}$.

求解一道角度问题
——2017 届叶班数学问题征解 009 解析

1. 问题征解 009

如图 9.1 所示,在 $\triangle ABC$ 中,$\angle ACB = 75°$,点 P 为边 BC 上一点,$PC = 2PB$,$\angle APC = 60°$,求 $\angle ABC$ 的大小.

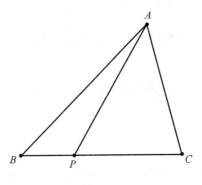

图 9.1

(叶军数学工作站编辑部提供,2017 年 7 月 15 日.)

2. 问题 009 解析

解析　如图 9.2 所示,作 $CM \perp PA$ 于点 M,联结 MB.

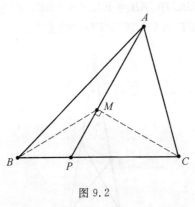

图 9.2

令

$$BP = x$$

因为 $\angle APC = 60°$,所以

$$PM = \frac{1}{2}PC = PB = x, \ MC = \sqrt{3}\,x$$

在 △BPM 中，∠MPB＝120°，所以

$$BM = \sqrt{3}\,x$$

因为

$$\angle ACM = \angle ACB - \angle MCP = 75° - 30° = 45°$$

所以

$$AM = MC = \sqrt{3}\,x$$

所以

$$AM = MC = BM$$

因为

$$\angle PBM = \angle PMB = \frac{1}{2} \times 60° = 30°$$

$$\angle MBA = \angle MAB = \frac{1}{2} \times 30° = 15°$$

所以

$$\angle ABC = 30° + 15° = 45°$$

（此解法由伍书航提供.）

3. 叶军教授点评

（1）注意到"$PC = 2PB$"与"$\angle APC = 60°$"这两个比较特殊的线段关系与角度条件，因而可以联想到构造一个有 60° 内角的直角三角形.

（2）对于伍书航同学的解答可以进一步优化. 注意到 $MA = MB = MC$，故点 M 是 △ABC 的外心. 从而直接由外心张角定理可知，$\angle ABC = \frac{1}{2}\angle AMC = 45°$.

（3）构造外心这一方法可以解决许多的几何题，例如下面这两个问题：

① 如图 9.3 所示，在 △ABC 中，$AB = AC$，$\angle A = 20°$，AC 上有一点 D 使得 $\angle ABD = 20°$，在 AB 上有一点 E 使得 $\angle ACE = 30°$，求 $\angle EDB$ 的大小.

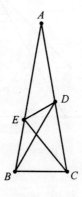

图 9.3

② 如图 9.4 所示,在 △ABC 中,∠ABC = 60°,∠ACB = 40°,点 P 为 △ABC 内一点,∠PBA = 40°,∠PAB = 70°,求证:CP ⊥ AB.

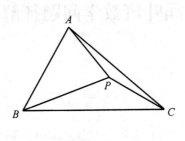

图 9.4

一道角格点问题的多种证法
——2017 届叶班数学问题征解 010 解析

1. 问题征解 010

如图 10.1 所示,在 △ABC 中,∠ABC = 60°,∠ACB = 40°,点 I 为内心,求证:AB = IC.

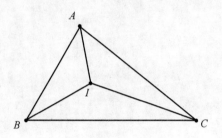

图 10.1

（叶军数学工作站编辑部提供,2017 年 7 月 22 日.）

2. 问题 010 解析

证法一　如图 10.2 所示,在线段 BC 上取一点 F,使 ∠BAF = 60°,则由 ∠ABF = 60° 知 △ABF 为等边三角形,故

$$\angle FAC = 80° - 60° = 20° = \angle ICA$$

又 ∠FCA = ∠IAC = 40°,AC 为公共边,所以

$$\triangle IAC \cong \triangle FCA$$

所以

$$IC = FA = AB$$

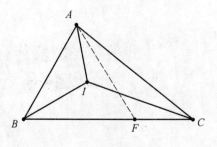

图 10.2

（此证法由余博提供.）

证法二　如图 10.3 所示,以 IC 为边长作等边 △DIC,则

$$\angle DIC = 60°$$

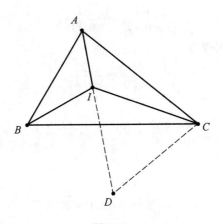

图 10.3

又点 I 为内心,所以

$$\angle IAC = 40°, \angle ICA = 20°$$

所以

$$\angle AIC = 120°$$

所以

$$\angle AIC + \angle DIC = 180°$$

所以 A, I, D 三点共线.

又

$$\angle BAC = \angle DCA = 80°$$

$$AC = AC, \angle DAC = \angle BCA = 40°$$

所以

$$\triangle ABC \cong \triangle CDA$$

所以

$$AB = CD = IC$$

(此证法由尹景熙提供.)

证法三　如图 10.4 所示,由已知条件可求出

$$\angle BAI = \angle IAC = 40°, \angle ABI = \angle IBC = 30°, \angle ICA = \angle ICB = 20°$$

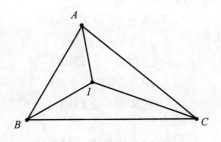

图 10.4

在 $\triangle ABI$ 中,由正弦定理得

$$\frac{AI}{\sin 30°} = \frac{AB}{\sin 110°} \qquad ①$$

在 $\triangle AIC$ 中,由正弦定理得

$$\frac{AI}{\sin 20°} = \frac{IC}{\sin 40°} \qquad ②$$

① $\div$ ② 得

$$\frac{\sin 20°}{\sin 30°} = \frac{AB \sin 40°}{IC \sin 110°} \Rightarrow \frac{\sin 20°}{\frac{1}{2}} = \frac{AB \times 2\sin 20° \cos 20°}{IC \cos 20°}$$

所以

$$\frac{AB}{IC} = 1 \Rightarrow AB = IC$$

(此证法由朱煜翔提供.)

证法四 如图 10.5 所示,延长 BA 至点 D,联结 CD,使得 $\angle BCD = 60°$,在 DC 上取一点 E,联结 AE,使得 $\angle CAE = 40°$.

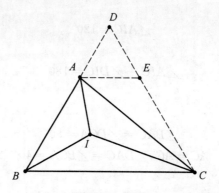

图 10.5

因为 $\angle ABC = 60°$,$\angle ACB = 40°$,所以

$$\angle BAI = \angle IAC = 40°$$

又因为

$$\angle DBC = \angle DCB = 60°$$

所以 $\angle BDC = 60°$,$\triangle BDC$ 为等边三角形. 所以

$$\angle ECA = 60° - 40° = 20°$$

在 $\triangle ACI$ 与 $\triangle ACE$ 中

$$\begin{cases} \angle IAC = \angle EAC \\ AC = AC \\ \angle ICA = \angle ECA \end{cases}$$

所以

$$\triangle ACI \cong \triangle ACE \quad \text{(ASA)}$$

要证 $AB = IC$,则只需证 $AB = EC$ 即可,因为

$$DB = DC$$

故只需证

$$DA = DE$$

因为
$$\angle BDC = 60°, \angle DAE = 180° - 3 \times 40° = 60°$$

所以 $\triangle ADE$ 为等边三角形,所以
$$DA = DE$$

所以
$$AB = IC$$

(此证法由龙泽鑫提供.)

证法五　如图 10.6 所示,将 $\triangle AIC$ 沿 AC 翻转得到 $\triangle ADC$,所以
$$\triangle ACI \cong \triangle ACD$$

因为 I 为 $\triangle ABC$ 的内心,又因为
$$\angle BAC = 180° - \angle ABC - \angle ACB = 180° - 40° - 60° = 80°$$

所以
$$\angle IAC = \angle BAI = 40°$$

所以
$$\angle BAD = 120°$$

又因为
$$\angle ABC = 60°$$

所以 $\angle ABC$ 与 $\angle BAD$ 互补,所以
$$AD \ /\!/ \ BC$$

另一方面
$$\angle AIC = 180° - 40° - 20° = 120°$$

所以
$$\angle BAD = \angle AIC = \angle ADC = 120°$$

所以四边形 $ABCD$ 为等腰梯形,所以
$$AB = DC = IC$$

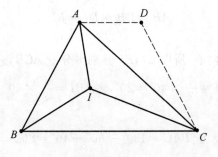

图 10.6

(此证法由李颐提供.)

证法六　如图 10.7 所示,由内心张角定理知
$$\angle AIC = 90° + \frac{1}{2}\angle ABC = 120°$$

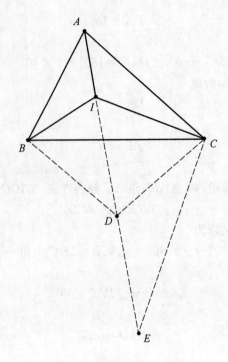

图 10.7

故延长 AI 至点 D,使 $ID=IC$,则 $\triangle IDC$ 为等边三角形,延长 ID 至点 E,使 $DE=DI$,联结 EC,由 $DE=DI=DC$ 知,点 D 为 $\triangle ICE$ 的外心. 所以

$$\angle IEC=\frac{1}{2}\angle IDC=30°$$

所以

$$\angle IEC=\angle IBC$$

所以 I,B,E,C 四点共圆,所以由外心张角逆定理可得点 D 为 $\triangle IBC$ 的外心,所以

$$\angle BDI=2\angle BCI=40°=\angle IAB$$

所以

$$AB=DB=DI=IC$$

(此证法由罗楚凡提供.)

证法七　因为点 I 为内心,所以 CI,BI 分别平分 $\angle ACB,\angle ABC$,所以

$$\angle ACI=\frac{1}{2}\times40°=20°,\angle ABI=\frac{1}{2}\times60°=30°$$

因为

$$\angle BAC=180°-60°-40°=80°$$

所以

$$\angle AIC=180°-\frac{1}{2}\times80°-20°=120°$$

如图 10.8 所示,在 CB 延长线上取一点 D,使得 $AD=AC$,联结 AD,因为 $AD=AC$,所以

$$\angle D=\angle ACD=40°=\angle IAC$$

在 $\triangle ABD$ 与 $\triangle CIA$ 中

$$\begin{cases} \angle D = \angle IAC \\ \angle ABD = \angle AIC \\ AD = AC \end{cases}$$

所以

$$\triangle ABD \cong \triangle CIA \quad (AAS)$$

所以

$$AB = IC$$

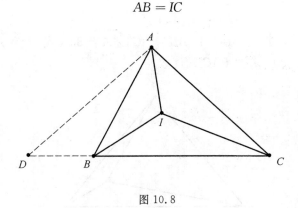

图 10.8

（此证法由马诺然提供.）

3. 叶军教授点评

（1）所谓 $\triangle ABC$ 中的格点问题是指 $\triangle ABC$ 内一点 P 和三顶点的连线 PA，PB，PC 与三边 AB，BC，CA 所形成的 6 个角的大小都是 $10°$ 的整数倍问题. 主要解决方法有：构造等边三角形和等腰梯形法或三角函数法. 从余博、尹景熙、罗楚凡同学的解答可以看出他们对构造等边三角形已经非常熟练，值得点赞. 李颐和龙泽鑫、马诺然通过构造等腰梯形或等腰三角形求解成功，值得点赞. 特别值得表扬的是朱煜翔同学，用正弦定理把问题解决，这对一个小学六年级的学生而言是难能可贵的，值得点赞.

（2）从罗楚凡同学的解答中不难看出 $BD \parallel AC$，故四边形 $ABDC$ 是等腰梯形，从而 $BC = AD$. 故本题有一个很好的变式：

在 $\triangle ABC$ 中，$\angle ABC = 60°$，$\angle ACB = 40°$，I 为内心，求证：$BC = IA + IC$.

（3）关于三角形的格点问题，在文献[1] ～ [2]中都有专门论述，感兴趣的同学可以去看一看. 2012 年北京市中学生数学竞赛（初二）（参见文献[3]）压轴题即为文献[2]中第 261页第 25 题. 该题为：

在 $\triangle ABC$ 中，$\angle ABC = \angle BAC = 70°$，点 P 为三角形内一点，$\angle PAB = 40°$，$\angle PBA = 20°$，求证：$PA + PB = PC$.

（4）下面这些习题仅供同学们练习：

① 如图 10.9 所示，在 $\triangle ABC$ 中，$AB = AC$，$\angle A = 80°$，点 D 为 $\triangle ABC$ 内一点，且 $\angle DAB = \angle DBA = 10°$，求 $\angle ACD$ 的度数.

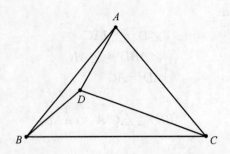

图 10.9

② 如图 10.10 所示，在 △ABC 中，AB = AC，∠A = 80°，点 P 为 △ABC 内一点，且 ∠PBC = 10°，∠PCA = 30°，求 ∠PAC 的度数.

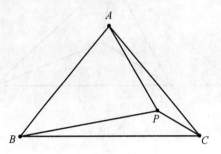

图 10.10

③ 如图 10.11 所示，在 △ABC 中，∠ABC = ∠ACB = 40°，点 P 为 △ABC 内一点，∠PCA = ∠PAC = 20°，求 ∠PBC 的度数.

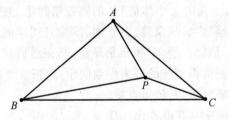

图 10.11

④ 如图 10.12 所示，在 △ABC 中，∠ABC = ∠ACB = 40°，点 P 为 △ABC 内一点，∠PAC = 20°，∠PCB = 30°，求 ∠PBC 的度数.

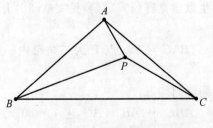

图 10.12

（5）根据上传解答时间顺序，正确解答本题：

使用证法一的同学有：艾业昊、曹添翼、谭湘龙.

使用证法二的同学有：刘爱凌、曹添翼、张昊阳、徐博弈、吴坤衡.

使用证法四的同学有：肖政邦、邹林、贺雅婷、瞿楚杰.

使用证法五的同学有：朱煜翔、潘昊昕、成宇凡、谢风、伍书航、欧阳俊鸿、莫一、周昊星.

对以上同学特别提出表扬，希望同学们积极参与、踊跃作答.

参考文献

[1] 叶军, 数学奥林匹克教程[M]. 湖南师范大学出版社, 2003(6).

[2] 叶匹克实用教程（第三册）[M]. 湖南师范大学出版社, 2003(7): 247-261.

[3] 竞赛之窗, 2012 年北京市中学生数学竞赛[J], 中等数学, 2012(8): 19-20.

三角形 90 度角问题
——2017 届叶班数学问题征解 011 解析

1. 问题征解 011

如图 11.1 所示,在 △ABC 中,点 P 为 AB 的中点,∠B=α,∠A=2α,∠APC=60°,求证:∠ACB=90°.

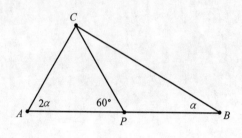

图 11.1

（叶军数学工作站编辑部提供,2017 年 8 月 5 日.）

2. 问题 011 解析

证法一　如图 11.2 所示,延长 BA 于点 O,联结 CO,使得 OC=CB,则

$$\angle COA = \angle CBO = \alpha$$

因为

$$\angle CAP = 2\alpha$$

所以

$$\angle ACO = 2\alpha - \alpha = \alpha$$

所以 △AOC 为等腰三角形,且 OA=AC.

过点 C 作 OB 的垂线交 OB 于点 H,因为等腰三角形三线合一,所以

$$OH = HB$$

又因为

$$HB = PB + HP = AH + 2HP = AH + AO$$

所以

$$AO = 2HP$$

因为

$$\angle CPO = 60°$$

所以

$$\angle HCP = 30°$$

即

$$HP = \frac{1}{2}CP$$

所以

$$AO = CP$$

因为

$$AO = AC$$

即

$$CA = CP$$

所以

$$2\alpha = 60°$$

所以

$$\alpha = 30°$$

所以

$$\angle ACB = 180° - 2\alpha - \alpha = 90°$$

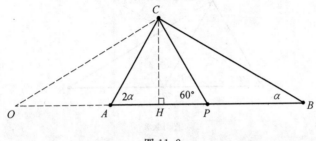

图 11.2

（此证法由余博提供.）

证法二　如图 11.3 所示,作 $PD \parallel AC$ 且 $PD = AC$,联结 CD,AD,则四边形 $APDC$ 为平行四边形,在 $\triangle ACD$ 与 $\triangle APD$ 中有

$$\begin{cases} AC = PD \\ CD = AP \\ AD = AD \end{cases}$$

所以

$$\triangle ACD \cong \triangle APD \quad (SSS)$$

所以

$$\angle CAD = \angle PAD = \alpha$$

所以在 $\triangle ADP$ 与 $\triangle BCP$ 中有

$$\begin{cases} AP = PB \\ \angle APD = \angle CPB \\ \angle DAP = \angle CBP = \alpha \end{cases}$$

所以

$$\triangle ADP \cong \triangle BCP \quad (ASA)$$

所以

因为

$$CP = PD$$

所以

$$AC = PD$$

又因为

$$CP = AC$$

所以 △ACP 为等边三角形. 所以

$$\angle CPA = 60°$$

所以

$$\angle CAB = 60°$$

所以

$$\alpha = 30°$$

所以

$$\angle ACB = 180° - 2\alpha - \alpha = 180° - 2 \times 30° - 30° = 90°$$

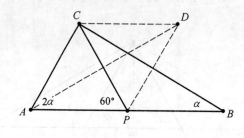

图 11.3

（此证法由张昊阳提供.）

证法三　如图 11.4 所示,分别作 ∠CAB 与 ∠CPB 的角平分线交于点 E,在 AC 延长线上取点 F,则点 E 为 △APC 的旁心. 所以

$$\angle FCE = \angle ECP$$

因为

$$\begin{cases} \angle PAE = \angle B = \alpha \\ \angle APE = \angle BPC = 120° \\ AP = PB \end{cases}$$

所以

$$\triangle APE \cong \triangle BPC \quad (\text{ASA})$$

所以 PE = PC,△PCE 为等边三角形. 所以

$$\angle FCP = 2\angle PCE = 120°$$

所以

$$\angle PCA = 60°$$

所以 △ACP 为等边三角形. 所以

$$\alpha = \frac{1}{2}\angle CAP = \frac{1}{2} \times 60° = 30°$$

所以

$$\angle ACB = 90°$$

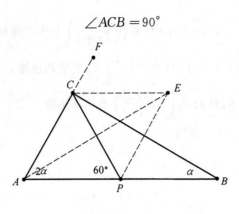

图 11.4

证法四　如图 11.5 所示，延长 CP 至点 C'，使得 $CP = PC'$，则四边形 $ACBC'$ 为平行四边形.

因为

$$\angle CPB = 180° - \angle APC = \frac{r}{r+1} \cdot 180°$$

所以

$$\frac{\angle CPB}{\angle CPA} = \frac{r}{1} = \frac{r\alpha}{\alpha} = \frac{\angle ACP + r\alpha}{\beta + \alpha} = \frac{\angle ACP}{\beta}$$

所以

$$\angle ACP = r\beta$$

所以

$$\frac{\sin r\alpha}{\sin \alpha} = \frac{CB}{CA} = \frac{CB}{BC'} = \frac{\sin \angle CC'B}{\sin \beta} = \frac{\sin \angle ACP}{\sin \beta} = \frac{\sin r\beta}{\sin \beta} \qquad (*)$$

因为

$$\alpha, \beta \in \left(0°, \frac{180°}{r+1}\right) \subset (0°, 180°)$$

$$r\alpha, r\beta \in \left(0°, \frac{r}{r+1}180°\right) \subset (0°, 180°)$$

下面构造函数 $f(\theta) = \dfrac{\sin r\theta}{\sin \theta}$，则 $\theta \in \left(0°, \dfrac{180°}{r+1}\right)$，$r\theta \subset (0°, 180°)$.

因为

$$f'(\theta) = \frac{r\cos r\theta \sin \theta - \sin r\theta \cos \theta}{\sin^2 \theta} = \frac{g(\theta)}{\sin^2 \theta}$$

所以

$$g'(\theta) = -r^2 \sin r\theta \sin \theta + r\cos r\theta \cos \theta - r\cos r\theta \cos \theta + \sin r\theta \sin \theta =$$
$$(1 - r^2) \sin r\theta \sin \theta$$

令 $g'(\theta) = 0$，则 $\theta = 0°$.

当 $0 < r < 1$ 时，$g'(\theta) > g(0°) = 0$，$g(\theta)$ 在 $\left(0°, \dfrac{180°}{r+1}\right)$ 上单调递增；

当 $r > 1$ 时, $g'(\theta) < g(0°) = 0$, $g(\theta)$ 在 $\left(0°, \dfrac{180°}{r+1}\right)$ 上单调递减.

当 $0 < r < 1$ 时, $f'(\theta) > 0$, $f(\theta)$ 在 $\left(0°, \dfrac{180°}{r+1}\right)$ 上单调递增;

当 $r > 1$ 时, $f'(\theta) < 0$, $f(\theta)$ 在 $\left(0°, \dfrac{180°}{r+1}\right)$ 上单调递减.

由(∗)可知, $f(\alpha) = f(\beta)$. 所以

$$\alpha = \beta$$

所以

$$PB = PC = PA$$

所以

$$\angle ACB = 90°$$

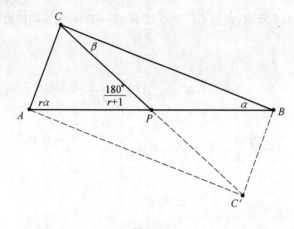

图 11.5

（此证法由侯立勋提供.）

3. 叶军教授点评

(1) 所谓 $\triangle ABC$ 中的 90° 角问题是指 $\triangle ABC$ 中有一个内角为 90°, 或两个内角和为 90°, 要解决问题方法有: 勾股定理或找边之间的关系, 构造特殊角如 60° 角、30° 角(等边、等腰三角形法), 三角函数法. 从余博同学的解答可以看出他对构造等腰三角形找边与边之间的关系已经非常熟练, 值得点赞. 张昊阳通过构造平行四边形利用全等得到 60° 角解决问题, 值得点赞. 特别值得表扬的是谭湘龙同学, 通过构造三角形旁心得到 60° 角解决问题, 值得点赞.

(2) 从候副理事长的解答中我们发现了这个题目的一般形式, 并且找到了用三角法解决这类问题的路径, 这些为我们解决三角形中的 90° 角问题找到了一条新的方向.

(3) **扩展延伸**　　如图 11.6 所示, 在 $\triangle ABC$ 中, 点 P 为 AB 的中点, $\angle B = \alpha$, $\angle A = r\alpha$, $\angle APC = \dfrac{180°}{r+1}$, 其中 $0 < r \neq 1$. 求证: $\angle ACB = 90°$.

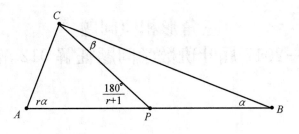

图 11.6

（注：当 $r=2$ 时，即为数学问题征解题 011）

（4）根据上传解答时间顺序，正确解答本题：

使用证法一的同学有：周成杰．

使用证法二的同学有：周昊星，谢风，刘爱玲，艾业昊．

使用证法三的同学有：伍书航，易湘杰，肖政邦，叶泽轩，邹林．

对以上同学特别提出表扬，希望同学们积极参与、踊跃作答．

三角形相似问题
——2017 届叶班数学问题征解 012 解析

1. 问题征解 012

如图 12.1 所示,在 △ABC 中,∠A=60°,点 D 为 BC 的三等分点,点 I 为内心,EI ∥ AC,求证:∠B=2∠BED.

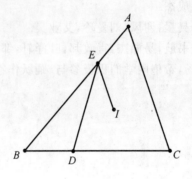

图 12.1

（叶军数学工作站编辑部提供,2017 年 8 月 5 日.）

2. 问题 012 解析

证明　如图 12.2 所示,作 △ABC 的三个内角的平分线 AF,BG,CH,IE′ ∥ AB 交 AC 于点 E′. 点 D′ 为 BC 三等分点,联结 D′E′,EE′,IE′. 作 AN ∥ D′E′ 交 BC 于点 N,作 ∠BIC 平分线交 CB 于点 M.

因为 EI ∥ AG,所以 $\dfrac{AE}{EB}=\dfrac{GI}{IB}$.

又因为 CI 平分 ∠GCB,由内角平分线定理有

$$\frac{AE}{EB}=\frac{GI}{IB}=\frac{CG}{BC}$$

因为 E′I ∥ AH,所以 $\dfrac{AE'}{E'C}=\dfrac{HI}{IC}$.

又因为 BI 平分 ∠HBC,由内角平分线定理有

$$\frac{AE'}{E'C}=\frac{HI}{IC}=\frac{HB}{BC}$$

因为 ∠A=60°,所以

$$\angle BIC=90°+\frac{1}{2}\angle A=120°$$

则

$$\angle HIB=\angle BIM=\angle MIC=\angle CIG=60°$$

又

$$\angle HBI = \angle MBI, \angle MCI = \angle GCI, IB = IB, IC = IC$$

$$\Rightarrow \triangle BHI \cong \triangle BMI, \triangle CIM \cong \triangle CIG$$

所以

$$BH + CG = BM + CM = BC$$

$$\Rightarrow \frac{CG}{BC} + \frac{HB}{BC} = 1$$

即

$$\frac{AE'}{E'C} + \frac{AE}{EB} = 1$$

因为 $AN \parallel D'E'$，所以

$$\frac{AE'}{E'C} = \frac{D'N}{D'C}(D, D' \text{ 为 } BC \text{ 三等分点}) = \frac{DD' - DN}{BD} = 1 - \frac{DN}{BD}$$

所以

$$\frac{AE}{EB} = \frac{DN}{BD} \Rightarrow ED \parallel AN$$

又 $AN \parallel D'E'$，所以 $DE \parallel D'E'$.

由图易得，图形左右地位相等，即

$$\angle B = k\angle BED, \angle C = k\angle CE'D'$$

又

$$\angle B + \angle C = 180° - \angle A = 120°$$

$$\angle BED + \angle CE'D' = \angle BED + \angle DEI = \angle BEI = \angle A = 60°$$

所以

$$k = 2$$

即

$$\angle B = 2\angle BED$$

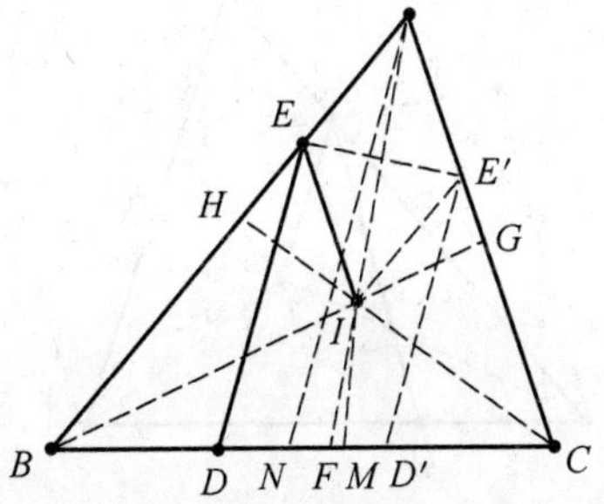

图 12.2

（此证法由刘衎提供.）

3. 叶军教授点评

(1) 三角形相似问题是几何中的难点，刘衎同学利用图形性质的对称构造平行与全等，

通过不断列比例证出结论,我们从他的解答中不仅看到了眼花缭乱的辅助线,还看到了简单清晰的数学表达,这样的解答出自一位初一学生之手让人感到惊奇与兴奋,值得点赞.

(2)本题还可以利用平行线分线段成比例定理来解决:

证明　因为 $\angle A = 60°$,$EI \parallel AC$,所以 $\angle AEI = 120°$.

如图 12.3 所示,在 AC 上取一点 G,使 $AG = AE$,则 $\triangle AEG$ 为等边三角形,在直线 EG 上取点 F,H,使得 $EF = EA = GA = GH$,联结 BI,GI,BF,IC,CH,则

$$\triangle BFE \cong \triangle BIE, \triangle CHG \cong \triangle CIG$$

所以

$$\angle F = \angle EIB, \angle H = \angle GIC$$

因为 I 为内心,所以

$$\angle BIC = 90° + \frac{1}{2} \times 60° = 120°$$

又因为 $EI \parallel AG$,且 $EI = AG$,所以四边形 $AEIG$ 为平行四边形,所以

$$\angle EIG = 60°$$

所以

$$\angle BIC + \angle EIG = 180°$$

所以

$$\angle F + \angle H = \angle BIE + \angle CIG = 180°$$

所以

$$BF \parallel CH$$

又 D 为 BC 三等分点,E 为 FH 三等分点,所以

$$BF \parallel DE$$

所以

$$\angle BED = \angle FBE = \angle EBI = \frac{1}{2} \angle B$$

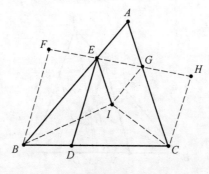

图 12.3

(3)特别要说明的是,平行线分线段成比例定理的逆定理是不成立的,所以题目中要证明 BF 平行于 CH.

用分离参数法求一个无理方程的实根
——2017 届叶班数学问题征解 013 解析

1. 问题征解 013

设 p 为实常数,试求方程 $\sqrt{x^2-p}+2\sqrt{x^2-1}=x$ 有实根的充要条件,并求出所有实根.

(叶军数学工作站编辑部提供,2017 年 8 月 12 日.)

2. 问题 013 解析

解析 原方程移项,平方去根号有

$$x^2-p=\left(x-2\sqrt{x^2-1}\right)^2$$
$$\Rightarrow 4x\sqrt{x^2-1}=4x^2+p-4$$

得

$$x^2=\frac{(p-4)^2}{8(2-p)}$$

得

$$x=\frac{|p-4|}{\sqrt{8(2-p)}}$$

原方程等价于

$$\begin{cases} x^2-p=\left(x-2\sqrt{x^2-1}\right)^2 \\ x-2\sqrt{x^2-1}\geqslant 0, x\geqslant 0 \end{cases} \Longleftrightarrow \begin{cases} \dfrac{4-p}{4}=\dfrac{x}{x+\sqrt{x^2-1}} \\ 1\leqslant x\leqslant \dfrac{2}{\sqrt{3}} \end{cases}$$

问题转化为 $f(x)=\dfrac{x}{x+\sqrt{x^2-1}}=\dfrac{4-p}{4}$ 在 $\left[1,\dfrac{2}{\sqrt{3}}\right]$ 上有实根,求 p 的取值范围. 即求函数 $f(x)=\dfrac{x}{x+\sqrt{x^2-1}}$ 在 $\left[1,\dfrac{2}{\sqrt{3}}\right]$ 上的值域.

$$f(x)=\frac{x}{x+\sqrt{x^2-1}}=\frac{1}{1+\sqrt{1-\dfrac{1}{x^2}}}, x\in\left[1,\frac{2}{\sqrt{3}}\right]$$

令 $y=\left(\dfrac{1}{x}\right)^2$,则 $f(y)=\dfrac{1}{1+\sqrt{1-y}}, y\in\left[\dfrac{3}{4},1\right]$.

因为 $f(y)$ 在 $y\in\left[\dfrac{3}{4},1\right]$ 上单调递增,所以

$$f(y)\in\left[\frac{2}{3},1\right]$$

即

$$f(x) \in \left[\frac{2}{3}, 1\right]$$

因为 $f(x) = \dfrac{4-p}{4}$，所以 $p \in \left[0, \dfrac{4}{3}\right]$。

这说明原方程有实根的充要条件是 $0 \leqslant p \leqslant \dfrac{4}{3}$，且有唯一实根 $x = \dfrac{|4-p|}{\sqrt{8(2-p)}} = \dfrac{4-p}{\sqrt{8(2-p)}}$。

（此解法由罗楚凡提供．）

3. 叶军教授点评

（1）在学习解含参数的方程时，求参数的取值范围求方程有实根的充要条件．一般地，对于一个含参数 p 的问题 A，p 的范围是 B，则问题有解的充要条件是 $p \in B$．

（2）本题是一个含参数的无理方程，要求解这个无理方程，可以分离参数，将问题转化为函数在给定的定义域上求值域．

（3）由于代数式的变形会引起定义域的改变，因此，在解方程时，尽量使用等价变形的方法求解，这样可以避免增根和遗根的出现．

代数式的求值方法与技巧(1)
——2017 届叶班数学问题征解 014 解析

1. 问题征解 014

解答下列问题:

(1) 设 a,b,c 是互不相等的实数,且 $a+\dfrac{2}{b}=b+\dfrac{2}{c}=c+\dfrac{2}{a}$,求 $\left(a+\dfrac{2}{b}\right)^2+\left(b+\dfrac{2}{c}\right)^2+\left(c+\dfrac{2}{a}\right)^2$ 的值.

(2) 设 $abc(a-b)(b-c)(c-a)\neq 0$,且 $a=(b-2)c$,$b=(c-2)a$,$c=(a-2)b$,求 abc 的值.

(叶军数学工作站编辑部提供,2017 年 8 月 20 日.)

2. 问题 014 解析

解析 (1)令

$$p=a+\frac{2}{b}=b+\frac{2}{c}=c+\frac{2}{a}$$

则

$$b=\frac{2}{p-a}$$

又因为

$$p=b+\frac{2}{c}$$

所以

$$p=\frac{2}{p-a}+\frac{2}{c}$$

$$\Leftrightarrow \frac{2c}{p-a}+2=pc$$

$$\Leftrightarrow 2c+2p-2a=p^2c-apc$$

所以

$$p^2c=apc+2c+2p-2a \qquad ①$$

又因为

$$p=c+\frac{2}{a}$$

$$\Rightarrow pa=ac+2$$

所以

$$\begin{cases} p^2 c = apc + 2c + 2p - 2a \\ p^2 a = apc + 2p \end{cases} \qquad \text{②}$$

①−② 得

$$p^2(c-a) = 2c - 2a$$

$$\Leftrightarrow p^2(c-a) = 2(c-a)$$

因为

$$c \neq a$$

所以

$$p^2 = 2$$

因为

$$a + \frac{2}{b} = b + \frac{2}{c} = c + \frac{2}{a}$$

所以

$$\left(a + \frac{2}{b}\right)^2 + \left(b + \frac{2}{c}\right)^2 + \left(c + \frac{2}{a}\right)^2 = 3p^2 = 6$$

(2) 依题意可知

$$a + b + c = ab + bc + ac - 2(a+b+c) \Leftrightarrow 3(a+b+c) = ab + bc + ac$$

因为

$$a^2 = abc - 2ac, b^2 = abc - 2ab, c^2 = abc - 2bc$$

所以

$$a^2 + b^2 + c^2 = 3abc - 2(ac + ab + bc)$$

$$\Rightarrow (a+b+c)^2 = 3abc \qquad (*)$$

又

$$abc = (b-2)c \cdot (c-2)a \cdot (a-2)b$$

$$\Leftrightarrow abc = abc[(b-2)(c-2)(a-2)]$$

$$\Leftrightarrow abc = abc(abc - 2ab - 2ac + 4a - 2bc + 4b + 4c - 8)$$

因为

$$abc \neq 0$$

所以

$$abc - 2ab - 2ac + 4a - 2bc + 4b + 4c - 8 = 1$$

所以

$$abc = 9 + 2ab + 2ac + 2bc - 4a - 4b - 4c$$

所以

$$abc = 9 + 2 \cdot 3 \cdot (a+b+c) - 4 \cdot (a+b+c)$$

所以

$$abc = 9 + 2 \cdot (a+b+c)$$

又因为

$$(a+b+c)^2 = 3abc$$

$$\Leftrightarrow (a+b+c)^2 = 3[9 + 2(a+b+c)]$$

所以
$$(a+b+c)^2-6(a+b+c)-27=0$$
$$\Leftrightarrow[(a+b+c)+3]\cdot[(a+b+c)-9]=0$$

所以
$$a+b+c=-3 \text{ 或 } 9$$

代入式(∗)可得,$abc=3$ 或 27.

(此解法由罗楚凡提供.)

3. 叶军教授点评

(1) 整式与分式问题需要学生在记好公式的同时能对公式进行灵活运用,这类的问题一般与方程问题相挂钩,对学生的开放性思维有较好的锻炼.

(2) 从罗楚凡同学的解答中,可以看到他对公式的掌握程度已经非常高了,尤其在变形的时候通过构造方程、因式分解得出解答,解答行如流水,值得点赞.

(3) 本题还有如下解法:

解析 第一小问:令
$$a+\frac{2}{b}=b+\frac{2}{c}=c+\frac{2}{a}=k$$

则
$$ab+2=bk \qquad \text{①}$$
$$bc+2=ck \qquad \text{②}$$
$$ac+2=ak \qquad \text{③}$$

由 ① 得
$$abc+2c=kbc$$

由 ② 得
$$abc+2c=k(ck-2)$$

整理得
$$abc+2k=(k^2-2)c$$

同理可得
$$abc+2k=(k^2-2)a$$
$$abc+2k=(k^2-2)b$$

所以
$$(k^2-2)a=(k^2-2)b=(k^2-2)c$$

因为 a,b,c 为互不相等的实数且 a,b,c 非零,所以 $k^2-2=0$,即 $k^2=2$,所以
$$\text{原式}=k^2+k^2+k^2=3k^2=3\times 2=6$$

第二小问:
$$\begin{cases} a=(b-2)c & \text{①} \\ b=(c-2)a & \text{②} \\ c=(a-2)b & \text{③} \end{cases}$$

① + ② + ③ 有

$$a + b + c = ab + bc + ca - 2(a + b + c)$$

所以

$$3(a + b + c) = ab + bc + ca \qquad\qquad ④$$

$$\left.\begin{array}{l} ① \times a \ 有 \ a^2 = abc - 2ac \\ ② \times b \ 有 \ b^2 = abc - 2ab \\ ③ \times c \ 有 \ c^2 = abc - 2bc \end{array}\right\} \Rightarrow a^2 + b^2 + c^2 + 2ab + 2bc + 2ac = 3abc \Rightarrow (a + b + c)^2 = 3abc$$

所以 $abc = \dfrac{1}{3}(a + b + c)^2$.

①×②×③ 有

$$abc = (a - 2)(b - 2)(c - 2)abc$$

$$\Leftrightarrow abc = 2[ab + ac + bc - 2(a + b + c)] + 9$$

将 ④ 代入有

$$abc = 2(a + b + c) + 9$$

$$\Leftrightarrow \frac{1}{3}(a + b + c)^2 = 2(a + b + c) + 9$$

$$\Leftrightarrow (a + b + c)^2 - 6(a + b + c) - 27 = 0$$

$$\Leftrightarrow (a + b + c + 3)(a + b + c - 9) = 0$$

所以 $a + b + c = -3$ 或 9,所以 $abc = 3$ 或 27.

(4) 通过来上交解答的先后顺序,依次解答正确的同学有:瞿楚杰、邹琳、伍书航、肖政邦.

对以上同学特别提出表扬,望继续努力.

代数式的求值方法与技巧(2)
——2017届叶班数学问题征解015解析

1. 问题征解 015

解答下列问题:

(1) 已知 $f(x)=x^3-15x^2+75x-124$,计算 $f(1)+f(2)+\cdots+f(9)$.

(2) 计算:$\left(\dfrac{a}{b}+\dfrac{b}{c}+\dfrac{c}{a}\right)^3+\left(\dfrac{a}{b}-\dfrac{b}{c}-\dfrac{c}{a}\right)^3+\left(-\dfrac{a}{b}+\dfrac{b}{c}-\dfrac{c}{a}\right)^3+\left(-\dfrac{a}{b}-\dfrac{b}{c}+\dfrac{c}{a}\right)^3$.

(叶军数学工作站编辑部提供,2017年8月26日.)

2. 问题 015 解析

解法一 (1) 因为

$$f(x)=x^3-15x^2+75x-124=$$
$$x^3-3x^2\cdot5+3x\cdot5^2-5^3+1=$$
$$(x-5)^3+1$$

所以

$$f(1)+f(2)+\cdots+f(9)=(1-5)^3+1+(2-5)^3+1+\cdots+(9-5)^3+1=$$
$$(-4)^3+(-3)^3+\cdots+3^3+4^3+9=9$$

(2) 令

$$\frac{a}{b}+\frac{c}{a}=x,\frac{a}{b}-\frac{c}{a}=y,\frac{b}{c}=z$$

所以

$$原式=(x+z)^3+(y-z)^3+(z-x)^3-(z+y)^3=$$
$$x^3+3x^2z+3xz^2+z^3+y^3-3y^2z+3yz^2-z^3+z^3-3z^2x+3zx^2-x^3-$$
$$z^3-3yz^2-3y^2z-y^3=$$
$$6z(x^2-y^2)=6z(x+y)(x-y)=$$
$$6\cdot\frac{b}{c}\cdot2\cdot\frac{a}{b}\cdot2\cdot\frac{c}{a}=24$$

(此解法由瞿楚杰提供.)

解法二 (1) 因为

$$f(x)=x^3-15x^2+75x-124=$$
$$x^3-3x^2\cdot5+3x\cdot5^2-5^3+1=$$
$$(x-5)^3+1$$

所以

$$f(x)+f(10-x)=(x-5)^3+1+(5-x)^3+1=2$$

所以

$$f(1)+f(2)+\cdots+f(9)=\frac{1}{2}\left[f(1)+f(9)\right]\times 9=\frac{1}{2}\times 2\times 9=9$$

(2) 令

$$\frac{a}{b}=x, \frac{b}{c}=y, \frac{c}{a}=z$$

所以

$$原式=(x+y+z)^{3}+(x-y-z)^{3}+(y-x-z)^{3}+(z-x-y)^{3}=$$
$$2x\left[3\left(y+z\right)^{2}+x^{2}\right]-2x\left[3\left(y-z\right)^{2}+x^{2}\right]=$$
$$2x\cdot 12yz=24xyz=24$$

(此解法由邹林提供.)

3. 叶军教授点评

（1）在解代数式求值问题时,往往能用到的方法有:整体换元法、倒序相加法、错位相减法、裂项相加法等,这些方法在我们叶班的教材中有详细的介绍,都是同学们要掌握好的.

（2）从这两位同学的解答中我们看到了比较好的因式分解能力,并且都运用了整体换元法来解比较复杂的第二题,值得点赞;特别是邹林同学,在解第一题的时候能够发现算式的规律并用倒序相加法求解出正确答案,值得点赞.

（3）根据上传解答时间顺序,依次解答正确的同学有:易湘杰、谢睿杰、周成杰、周昊星、罗楚凡、贾思雄.

对以上同学特别提出表扬,望继续努力.

巧解含参方程组
——2017 届叶班数学问题征解 016 解析

1. 问题征解 016

已知 x,y,z 满足 $\begin{cases} cy+bz=a \\ az+cx=b \\ bx+ay=c \end{cases}$，其中 $abc \neq 0$，若 $x+y+z=1$，求 $(x^2+y^2+z^2)(x^{2017}+y^{2017}+z^{2017})$ 的值.

（叶军数学工作站编辑部提供，2017 年 9 月 2 日.）

2. 问题 016 解析

解法一　由 $x+y+z=1$，得 $x=1-y-z$.

$$\begin{cases} cy+bz=a & ① \\ az+cx=b & ② \\ bx+ay=c & ③ \end{cases}$$

将 $x=1-y-z$ 代入 ②③ 可得

$$\begin{cases} az+c-cy-cz=b \\ ay+b-by-bz=c \end{cases}$$

将以上两式相加可得

$$(a-b-c)(y+z)=0$$

所以

$$a-b-c=0 \text{ 或 } y+z=0$$

当 $a-b-c=0$ 时，方程组可化为

$$\begin{cases} b+c=cy+bz & ④ \\ b=bz+cz+c-cy-cz & ⑤ \\ c=by+cy+b-by-bz & ⑥ \end{cases}$$

④＋⑤ 得 $z=1$，④＋⑥ 得 $y=1$，所以 $x=-1$.

所以

$$x^2+y^2+z^2=3,\ x^{2017}+y^{2017}+z^{2017}=1$$

所以

$$(x^2+y^2+z^2)(x^{2017}+y^{2017}+z^{2017})=3 \times 1=3$$

当 $y+z=0$ 时，代入方程组可得

$$x=y=z=0 \quad （舍去）$$

同理，由对称性可得

$$(x^2+y^2+z^2)(x^{2017}+y^{2017}+z^{2017})=3 \times 1=3$$

综上可得

$$(x^2 + y^2 + z^2)(x^{2017} + y^{2017} + z^{2017}) = 3 \times 1 = 3$$

（此解法由张昊阳提供.）

解法二

$$\begin{cases} cy + bz = a & ① \\ az + cx = b & ② \\ bx + ay = c & ③ \end{cases}$$

①$\times a +$②$\times b -$③$\times c$ 可得 $2abz = a^2 + b^2 - c^2$.

因为 $abc \neq 0$，所以

$$z = \frac{a^2 + b^2 - c^2}{2ab}$$

同理可得

$$x = \frac{b^2 + c^2 - a^2}{2bc}, y = \frac{a^2 + c^2 - b^2}{2ac}$$

所以

$$\frac{b^2 + c^2 - a^2}{2bc} + \frac{a^2 + c^2 - b^2}{2ac} + \frac{a^2 + b^2 - c^2}{2ab} = 1$$

$$\Leftrightarrow \frac{b^2 + c^2 - a^2}{2bc} + 1 + \frac{a^2 + c^2 - b^2}{2ac} - 1 + \frac{a^2 + b^2 - c^2}{2ab} - 1 = 0$$

$$\Leftrightarrow \frac{(b+c)^2 - a^2}{2bc} + \frac{(a-c)^2 - b^2}{2ac} + \frac{(a-b)^2 - c^2}{2ab} = 0$$

$$\Leftrightarrow \frac{(b+c-a)(b+c+a)}{2bc} + \frac{(a-c+b)(a-c-b)}{2ac} + \frac{(a-b+c)(a-b-c)}{2ab} = 0$$

$$\Leftrightarrow \frac{(a+b-c)(a+c-b)(b+c-a)}{2abc} = 0$$

所以

$$(a+b-c)(a+c-b)(b+c-a) = 0$$

所以 $a+b-c=0$ 或 $a+c-b=0$ 或 $b+c-a=0$.

当 $a+b-c=0$ 时

$$x = \frac{b^2 + c^2 - a^2}{2bc} = \frac{b^2 + c^2 - (c-b)^2}{2bc} = 1$$

$$y = \frac{a^2 + c^2 - b^2}{2ac} = \frac{a^2 + c^2 - (c-a)^2}{2ac} = 1$$

$$z = \frac{a^2 + b^2 - c^2}{2ab} = \frac{a^2 + b^2 - (a+b)^2}{2ab} = -1$$

同理，当 $a+c-b=0$ 时，$x=1, y=-1, z=1$.

当 $b+c-a=0$ 时，$x=-1, y=1, z=1$.

所以

$$x^2 + y^2 + z^2 = 3, x^{2017} + y^{2017} + z^{2017} = 1$$

所以

$$(x^2 + y^2 + z^2)(x^{2017} + y^{2017} + z^{2017}) = 3 \times 1 = 3$$

（此解法由薛哲提供.）

3. 叶军教授点评

（1）含参数的方程与方程组的解一般会根据参数的不同而出现不同的情况，所以解含参数的方程（组）往往是要对参数进行讨论. 本题的参数方程其实是余弦定理的变形式，张昊阳同学通过消元与因式分解仅用方程组中的两个方程就找到了参数间的关系，并利用这个关系求解成功，值得点赞.

（2）薛哲同学通过求解方程组因式分解，得到了一个更漂亮的结论：

若 $\dfrac{b^2 + c^2 - a^2}{2bc} + \dfrac{a^2 + c^2 - b^2}{2ac} + \dfrac{a^2 + b^2 - c^2}{2ab} = 1$，则 $\dfrac{b^2 + c^2 - a^2}{2bc}$，$\dfrac{a^2 + c^2 - b^2}{2ac}$，$\dfrac{a^2 + b^2 - c^2}{2ab}$ 中必有两个值等于 1，一个值等于 -1.

利用这个结论，很快地得出答案，值得点赞.

（3）对本题可做如下的推广与拓展：

设三正数 a, b, c 满足 $\dfrac{b^2 + c^2 - a^2}{2bc} + \dfrac{a^2 + c^2 - b^2}{2ac} + \dfrac{a^2 + b^2 - c^2}{2ab} > 1$，求证：$a, b, c$ 恰好是某个三角形的三边长，反之亦然.

利用解法二的解答过程，有兴趣的同学可以试着证明一下.

（4）通过上传的先后顺序，依次解答正确的同学有：瞿楚杰、邹林、万宇康、罗楚凡、刘日晖、黄袁宇轩、余浩瑞、余博.

对以上同学特别提出表扬，望继续努力.

整式的变形与求值
——2017 届叶班数学问题征解 017 解析

1. 问题征解 017

设实数 x,y,z 满足 $x + y + z = xy + yz + zx = -1$，求代数式 $(xy - z^2)(yz - x^2)(zx - y^2) - xyz$ 的值.

（叶军数学工作站编辑部提供,2017 年 9 月 9 日.）

2. 问题 017 解析

解法一　因为

$$xy + yz + zx = -1$$

所以

$$xy = -1 - yz - zx$$

所以

$$xy - z^2 = -1 - yz - zx - z^2 = -1 - z(x + y + z)$$

又因为

$$x + y + z = -1$$

所以

$$xy - z^2 = z - 1$$

同理可得

$$yz - x^2 = x - 1, zx - y^2 = y - 1$$

所以

$$
\begin{aligned}
原式 &= (x - 1)(y - 1)(z - 1) - xyz = \\
&\quad xyz - yz - xz - xy + x + y + z - 1 - xyz = \\
&\quad -(xy + yz + xz) + (x + y + z) - 1 = \\
&\quad 1 - 1 - 1 = -1
\end{aligned}
$$

（此解法由薛哲提供.）

解法二　令原式为 u,则

$$u = (x^3 y^3 + y^3 z^3 + z^3 x^3) - xyz(x^3 + y^3 + z^3 + 1)$$

另一方面,由熟知的公式有

$$
\begin{aligned}
x^3 y^3 + y^3 z^3 + z^3 x^3 - 3x^2 y^2 z^2 &= (xy + yz + zx)[x^2 y^2 + y^2 z^2 + z^2 x^2 - xyz(x + y + z)] = \\
&\quad -(x^2 y^2 + y^2 z^2 + z^2 x^2) - xyz = \\
&\quad -[(xy + yz + zx)^2 - 2xyz(x + y + z)] - xyz = \\
&\quad -1 - 3xyz
\end{aligned}
$$

又

$$x^3 + y^3 + z^3 - 3xyz = (x+y+z)(x^2+y^2+z^2-xy-yz-zx) =$$
$$(x+y+z)[(x+y+z)^2 - 3(xy+yz+zx)] = -4$$

所以

$$x^3 + y^3 + z^3 = 3xyz - 4$$

所以

$$u = (-1-3xyz) + 3x^2y^2z^2 - xyz(3xyz-4+1) = -1$$

（此解法由邹林提供.）

3. 叶军教授点评

（1）对于整式的变形求值题，我们可以将整数由高次降到低次再求解，也可以将多个量变成一个量求解.

（2）薛哲同学利用已知条件将所求式子进行降次并求解成功，值得点赞；

邹林同学通过对公式的灵活运用，将所求式子化简成只含 xyz 的式子并求解成功，值得点赞.

（3）通过上传的先后顺序，依次解答正确的同学有：瞿楚杰、马诺然、李颐、谢睿杰、余博、万宇康、易湘杰、潘昊昕、尹景熙、蒙雨昕、伍书航、张昊阳、周成杰、周昊星、刘日晖.

对以上同学特别提出表扬，望继续努力.

整式中的公式与最值
——2017 届叶班数学问题征解 018 解析

1. 问题征解 018

设 a,b,c 是实数,且存在 $\alpha,\beta,\gamma \in \{-1,1\}$ 使 $\alpha a + \beta b + \gamma c = 0$,求 $\left|\dfrac{a^3 + b^3 + c^3}{abc}\right|$ 的最小值.

（叶军数学工作站编辑部提供,2017 年 9 月 16 日.）

2. 问题 018 解析

解析　因为 $\alpha,\beta,\gamma \in \{-1,1\}$,所以由抽屉原理得 α,β,γ 中至少有两个相同.

不妨设

$$\alpha = \beta = \pm 1$$

① 当 $\alpha = \beta = 1$ 时有

$$a + b + \gamma c = 0$$

当 $\gamma = 1$ 时有

$$a + b + c = 0$$

所以

$$a^3 + b^3 + c^3 = 3abc$$

所以

$$\left|\frac{a^3 + b^3 + c^3}{abc}\right| = \left|\frac{3abc}{abc}\right| = 3$$

当 $\gamma = -1$ 时有

$$a + b - c = 0$$

即

$$a + b = c$$

所以

$$a^3 + b^3 + c^3 = (a+b)(a^2 - ab + b^2) + c^3 =$$
$$c(c^2 - 3ab) + c^3 =$$
$$2c^3 - 3abc$$

所以

$$\left|\frac{a^3 + b^3 + c^3}{abc}\right| = \left|\frac{2c^3 - 3abc}{abc}\right| = \left|\frac{2c^2}{ab} - 3\right| = \left|\frac{2(a+b)^2}{ab} - 3\right|$$

因为 $(a+b)^2 \geqslant 4ab$,等号成立当且仅当 $a = b$,所以

$$\left|\frac{a^3 + b^3 + c^3}{abc}\right| \geqslant \left|\frac{2 \times 4ab}{ab} - 3\right| = 5$$

所以,当 $a=b$ 时 $\left|\dfrac{a^3+b^3+c^3}{abc}\right|_{\min}=5$,所以 $\left|\dfrac{a^3+b^3+c^3}{abc}\right|_{\min}=3$.

取消不妨设得 $\left|\dfrac{a^3+b^3+c^3}{abc}\right|_{\min}=3$.

② 当 $\alpha=\beta=-1$ 时,同理可得 $\left|\dfrac{a^3+b^3+c^3}{abc}\right|_{\min}=3$.

综上所述:当 $\alpha=\beta=\gamma$ 时,原式取到最小值,最小值为 3.

(此解法由蒙雨昕提供.)

3. 叶军教授点评

(1)对于最值问题,我们往往要用到最值原理,但某些题,我们可以通过已知的公式与已知的不等式求一个代数式的最值,这要求学生对公式以及所学过的不等式知识能够在记忆的基础上灵活运用.

(2)从蒙雨昕同学的解答中,我们可以看到她对公式的运用是非常精准的,并且对于轮换对称式的处理也非常正确,通过变形求解成功,值得点赞.

(3)通过上传的先后顺序,依次解答正确的同学有:瞿楚杰、朱煜翔、万宇康、谢睿杰、郑砚迈、邹林、张昊阳、周成杰、尹景熙、薛哲.

对以上同学特别提出表扬,望继续努力.

整式与方程问题
——2017 届叶班数学问题征解 019 解析

1. 问题征解 019

解答下列问题:

(1) 设 a,b,c 为互不相等的实数,且 $a+b+c=0$,求值

$$\left(\frac{b-c}{a}+\frac{c-a}{b}+\frac{a-b}{c}\right)\left(\frac{a}{b-c}+\frac{b}{c-a}+\frac{c}{a-b}\right)$$

(2) 设正实数 x,y,z 满足

$$\begin{cases} x^2+xy+y^2=49 \\ y^2+yz+z^2=36 \\ z^2+zx+x^2=25 \end{cases}$$

求 $x+y+z$ 的值.

(叶军数学工作站编辑部提供,2017 年 9 月 23 日.)

2. 问题 019 解析

解法一

(1) 原式 $=3+\dfrac{a(c-a)}{b(b-c)}+\dfrac{a(a-b)}{c(b-c)}+\dfrac{b(b-c)}{a(c-a)}+\dfrac{b(a-b)}{c(c-a)}+\dfrac{c(b-c)}{a(a-b)}+\dfrac{c(c-a)}{b(a-b)}=$

$3+\left(\dfrac{2a^2}{bc}+\dfrac{2b^2}{ac}+\dfrac{2c^2}{ab}\right)=$

$3+\dfrac{2(a^3+b^3+c^3)}{abc}$

因为

$$a+b+c=0$$

所以

$$a^3+b^3+c^3=3abc$$

所以

$$原式=3+\frac{2\times 3abc}{abc}=3+6=9$$

(2) 依题意构造如下三角形:如图 19.1 所示,在 $\triangle ABC$ 中,$BC=7$,$CA=6$,$AB=5$,且存在费马点 P,使 $PB=x$,$PC=y$,$PA=z$,$\angle BPC=\angle CPA=\angle BPA=120°$.

由 $S_{\triangle PBC}+S_{\triangle PCA}+S_{\triangle PAB}=S_{\triangle ABC}$,得

$$\frac{1}{2}xy\sin 120°+\frac{1}{2}yz\sin 120°+\frac{1}{2}zx\sin 120°=S_{\triangle ABC}$$

所以

$$xy + yz + zx = \frac{4}{\sqrt{3}} S_{\triangle ABC}$$

另一方面,已知方程组三式相加得

$$2(x^2 + y^2 + z^2) + xy + yz + zx = 110$$

所以

$$x^2 + y^2 + z^2 = 55 - \frac{2}{\sqrt{3}} S_{\triangle ABC}$$

所以

$$(x + y + z)^2 = x^2 + y^2 + z^2 + 2(xy + yz + xz) = 55 + \frac{6}{\sqrt{3}} S_{\triangle ABC}$$

再由海伦面积公式,有

$$S_{\triangle ABC} = \sqrt{9(9-7)(9-6)(9-5)} = 6\sqrt{6}$$

所以

$$(x + y + z)^2 = 55 + \frac{6}{\sqrt{3}} \times 6\sqrt{6} = 55 + 36\sqrt{2}$$

所以

$$x + y + z = \sqrt{55 + 36\sqrt{2}}$$

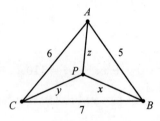

图 19.1

（此解法由余博提供.）

解法二

（1）因为

$$\frac{b-c}{a} + \frac{c-a}{b} + \frac{a-b}{c} = \frac{b^2c - bc^2 + a^2b - ab^2 + c^2a - ca^2}{abc} =$$

$$\frac{(b-a)(b-c)(c-a)}{abc}$$

$$\frac{a}{b-c} + \frac{b}{c-a} + \frac{c}{a-b} = \frac{-(a^3 + b^3 + c^3) + (a+b)(b+c)(c+a) - 5abc}{(b-c)(c-a)(a-b)}$$

因为

$$a + b + c = 0$$

所以

$$a^3 + b^3 + c^3 = 3abc, (a+b)(b+c)(c+a) = -abc$$

所以

$$原式 = \frac{(b-a)(b-c)(c-a)}{abc} \cdot \frac{-3abc - abc - 5abc}{(b-c)(c-a)(a-b)} =$$

$$\frac{(b-a)(b-c)(c-a)}{abc} \cdot \frac{-9abc}{(b-c)(c-a)(a-b)} = 9$$

(2)

$$\begin{cases} x^2 + xy + y^2 = 49 & ① \\ y^2 + yz + z^2 = 36 & ② \\ z^2 + zx + x^2 = 25 & ③ \end{cases}$$

① — ② 得

$$(x-z)(x+y+z) = 13$$

同理可得

$$(y-x)(x+y+z) = 11$$
$$(z-y)(x+y+z) = -24$$

令

$$(x+y+z) = k, x-z = a, y-x = b, z-y = c$$

则有

$$\begin{cases} ak = 13 \\ bk = 11 \\ ck = -24 \end{cases} \Rightarrow \begin{cases} a = \dfrac{13}{k} \\ b = \dfrac{11}{k} \\ c = -\dfrac{24}{k} \end{cases}$$

① + ② + ③ 得

$$2(x^2 + y^2 + z^2) + xy + xz + yz = 110$$

$$\Leftrightarrow (x+y+z)^2 + \frac{1}{2}[(x-y)^2 + (y-z)^2 + (z-x)^2] = 110$$

$$\Leftrightarrow k^2 + \frac{1}{2}\left(\frac{121}{k^2} + \frac{169}{k^2} + \frac{576}{k^2}\right) = 110$$

$$\Leftrightarrow k^4 + 433 - 110k^2 = 0$$

令

$$k^2 = t$$

则 $t^2 - 110t + 433 = 0$ 且 $t > 0$，可得 $t_1 = 55 + 36\sqrt{2}$，$t_2 = 55 - 36\sqrt{2}$.

又因为 $k > 0$，所以

$$k_1 = \sqrt{55 + 36\sqrt{2}}, k_2 = \sqrt{55 - 36\sqrt{2}}$$

在 k_2 中

$$k < 5 \Leftrightarrow x+y+z < 5 \Rightarrow x+z < 5 \Rightarrow (x+z)^2 < 25$$

又因为

$$x^2 + xz + z^2 = 25 \Leftrightarrow (x+z)^2 = 25 + xz > 25$$

由 $(x+z)^2 < 25, (x+z)^2 > 25$，矛盾. 所以 k_2 舍去.

故

$$k = k_1 = \sqrt{55 + 36\sqrt{2}}$$

所以

$$x+y+z=\sqrt{55+36\sqrt{2}}$$

（此解法由易湘杰提供.）

3. 叶军教授点评

（1）整式与方程问题相结合要求学生不仅对整式中的公式有一定的积累,同时还需要运用公式灵活构造方程求解,这一类问题普遍都是偏难的.

（2）从余博与易湘杰同学的第一题解答中,我们看到了他们对公式的灵活运用,由其是对于三数立方和与三数乘积之间的关系,这个公式在我们的教材上有提及过,两位同学用得非常准确,值得点赞;而对于第二小题,余博同学能够通过构造三角形费马点,数形结合解答成功,值得点赞;易湘杰同学通过构造方程求解成功,值得点赞.

（3）通过上传的先后顺序,依次解答正确的同学有:陈美希、肖政邦、邹林.

对以上同学特别提出表扬,望继续努力.

整式中的高次多项式
——2017 届叶班数学问题征解 020 解析

1. 问题征解 020

解答下列问题:

(1)a,b 为何值时,有:$x^2+x+1 \mid x^3+ax^2+bx+2b$.

(2) 证明:$\sqrt{3}+\sqrt[3]{2}$ 为无理数.

(叶军数学工作站编辑部提供,2017 年 9 月 30 日.)

2. 问题 020 解析

解法一 (1) 令 $p \in \mathbf{Q}$,且

$$(x+p)(x^2+x+1)=x^3+ax^2+bx+2b$$

$$(x+p)(x^2+x+1)=x^3+x^2(p+1)+x(p+1)+p=x^3+ax^2+bx+2b$$

所以

$$a=b=p+1, 2b=p$$

所以

$$2a=2b=2p+2=p$$

所以

$$2p+2=p$$

所以

$$p=-2$$

故

$$a=b=-1$$

(2) 反设 $\sqrt{3}+\sqrt[3]{2}$ 为有理数,则令

$$\sqrt{3}+\sqrt[3]{2}=a, a \in \mathbf{Q}$$

所以

$$a-\sqrt{3}=\sqrt[3]{2}$$

所以

$$(a-\sqrt{3})^3=2$$
$$\Leftrightarrow a^3-3\sqrt{3}a^2+9a-3\sqrt{3}=2$$
$$\Leftrightarrow a(a^2+9)-3\sqrt{3}(a^2+1)=2$$
$$\Leftrightarrow (a^2+1)(a-3\sqrt{3})+8a=2$$
$$\Leftrightarrow (a^2+1)(a-3\sqrt{3})=2-8a$$

$$a^2 + 1 \in \mathbf{Q}, a - 3\sqrt{3} \notin \mathbf{Q}, 2 - 8a \in \mathbf{Q}$$

推理矛盾,所以 $\sqrt{3} + \sqrt[3]{2}$ 为无理数.

(此解法由易湘杰提供.)

解法二 (1)令

$$f(x) = x^3 + ax^2 + bx + 2b$$

设

$$f(x) = (x + m)(x^2 + x + 1)$$

所以

$$f(x) = x^3 + (m+1)x^2 + (m+1)x + m$$

又

$$f(x) = x^3 + ax^2 + bx + 2b$$

所以

$$x^3 + (m+1)x^2 + (m+1)x + m = x^3 + ax^2 + bx + 2b$$

比较对应项系数得

$$\begin{cases} m+1 = a \\ m+1 = b \\ m = 2b \end{cases} \Leftrightarrow \begin{cases} a = b = m+1 \\ b = \dfrac{m}{2} \end{cases}$$

将 $b = \dfrac{m}{2}$ 代入 $b = m + 1$ 中,得

$$\frac{m}{2} = m + 1$$

所以

$$m = 2m + 2$$

所以

$$m = -2$$

所以

$$a = b = -1$$

故当 $a = -1, b = -1$ 时,有 $x^2 + x + 1 \mid x^3 + ax^2 + bx + 2b$.

(2)令

$$x = \sqrt{3} + \sqrt[3]{2}$$

则

$$x - \sqrt{3} = \sqrt[3]{2}$$

所以

$$x^3 - 3 \cdot x^2 \cdot \sqrt{3} + 3 \cdot x \cdot (\sqrt{3})^2 - 3\sqrt{3} = 2$$

所以

$$x^3 - 3\sqrt{3}x^2 + 9x - 3\sqrt{3} = 2$$

所以

$$x^3 + 9x - 2 = 3\sqrt{3}(x^2 + 1)$$

所以

$$(x^3 + 9x - 2)^2 = 27 (x^2 + 1)^2$$

所以

$$x^6 + 81x^2 + 4 + 18x^4 - 4x^3 - 36x = 27(x^4 + 2x^2 + 1)$$

所以

$$x^6 + 81x^2 + 4 + 18x^4 - 4x^3 - 36x = 27x^4 + 54x^2 + 27$$

所以

$$x^6 - 9x^4 - 4x^3 + 27x - 36x - 23 = 0 \qquad (*)$$

因为 $x = \sqrt{3} + \sqrt[3]{2} \Rightarrow$ 方程($*$),所以 $x = \sqrt{3} + \sqrt[3]{2}$ 是方程($*$)的一个解.

方程($*$)可能的有理根为 $\pm 1, \pm 23$.

又令

$$f(x) = x^6 - 9x^4 - 4x^3 + 27x^2 - 36x - 23$$

$$f(\pm 1) \neq 0, f(\pm 23) \neq 0$$

所以方程($*$)无有理根,所以 $\sqrt{3} + \sqrt[3]{2}$ 非有理根,所以 $\sqrt{3} + \sqrt[3]{2}$ 为无理数.

(此解法由李颐提供.)

3. 叶军教授点评

(1)高次多项式的因式分解可以利用有理根的判定定理,判断多项式是否有一次因式;还可以利用待定系数法对其进行因式分解.

(2)易湘杰同学与李颐同学第一小题都运用了待定系数法并求解成功,值得点赞;易湘杰同学第二小题用反证法推出矛盾,值得点赞;李颐同学通过构造高次多项式,并利用高次多项式有理根的判定定理求解成功,值得点赞.

(3)通过上传的先后顺序,依次解答正确的同学有:谢睿杰、瞿楚杰、余博、周成杰、刘日晖、徐博弈.

对以上同学特别提出表扬,望继续努力.

一个重要等式所引出的问题
——2017届叶班数学问题征解 021 解析

1. 问题征解 021

设实数 a,b,c 满足 $a^{-1}+b^{-1}+c^{-1}=(a+b+c)^{-1}$, 其中 $abc(a+b+c)\neq 0$, $U_n=(a^{-n}+b^{-n}+c^{-n})(a+b+c)^n$, $n=2,3,4,\cdots$. 当 n 变化时, 试探究 U_n 的最小值, 并证明你的结论.

(叶军数学工作站编辑部提供, 2017 年 10 月 7 日.)

2. 问题 021 解析

解法一 因为

$$a^{-1}+b^{-1}+c^{-1}=(a+b+c)^{-1}\Leftrightarrow \frac{1}{a}+\frac{1}{b}+\frac{1}{c}=\frac{1}{a+b+c} \qquad \textcircled{1}$$

所以

$$\frac{1}{a}+\frac{1}{b}=\frac{1}{a+b+c}-\frac{1}{c}$$

所以

$$\frac{a+b}{ab}=\frac{-(a+b)}{c(a+b+c)} \qquad \textcircled{2}$$

当 $a+b=0$ 时, 式 $\textcircled{2}$ 成立;

当 $a+b\neq 0$ 时, 式 $\textcircled{2}$ 可化为

$$ac+bc+c^2+ab=0\Leftrightarrow(a+c)(b+c)=0$$

即

$$a+c=0 \text{ 或 } b+c=0$$

所以由 $\textcircled{1}$ 可推出 $a+b=0$ 或 $a+c=0$ 或 $b+c=0$.

若 $a+b=0$, 则当 n 为奇数时

$$U_n=c^{-n}\cdot c^n=1$$

当 n 为偶数时

$$U_n=\left(\frac{2}{a^n}+\frac{1}{c^n}\right)\cdot c^n=2\cdot\left(\frac{c}{a}\right)^n+1>1 \quad (c\neq 0)$$

所以当 n 为奇数时

$$(U_n)_{\min}=1$$

当 $a+c=0, b+c=0$ 时, 同理

$$(U_n)_{\min}=1$$

综上所述: 当 n 为奇数时, $(U_n)_{\min}=1$.

(此解法由罗楚凡提供.)

解法二　因为

$$a^{-1} + b^{-1} + c^{-1} = (a+b+c)^{-1} \Leftrightarrow \frac{1}{a} + \frac{1}{b} + \frac{1}{c} = \frac{1}{a+b+c}$$

$$\Leftrightarrow (a+b+c)(ab+bc+ca) - abc = 0$$

令

$$F(a,b,c) = (a+b+c)(ab+bc+ca) - abc$$

$F(a,b,c)$ 为轮换对称式.

当 $a+b=0$ 时

$$F(a,-a,c) = 0$$

所以

$$a+b \,|\, F(a,b,c)$$

所以

$$(a+b)(b+c)(c+a) \,|\, F(a,b,c)$$

设

$$F(a,b,c) = k(a+b)(b+c)(c+a)$$

当 $a=b=c=1$ 时,有

$$8k = 8$$

所以

$$k = 1$$

所以

$$F(a,b,c) = (a+b)(b+c)(c+a) = 0$$

所以

$$a+b=0 \text{ 或 } a+c=0 \text{ 或 } b+c=0$$

若 $a+b=0$,则当 n 为奇数时

$$U_n = c^{-n} \cdot c^n = 1$$

当 n 为偶数时

$$U_n = \left(\frac{2}{a^n} + \frac{1}{c^n}\right) \cdot c^n = 2 \cdot \left(\frac{c}{a}\right)^n + 1 > 1 \quad (c \neq 0)$$

所以,当 n 为奇数时

$$(U_n)_{\min} = 1$$

当 $a+c=0, b+c=0$ 时,同理

$$(U_n)_{\min} = 1$$

综上所述:当 n 为奇数时,$(U_n)_{\min} = 1$.

(此解法由马诺然提供.)

3. 叶军教授点评

(1) 本题的核心在于等式 $a^{-1} + b^{-1} + c^{-1} = (a+b+c)^{-1}$ 所得到的结论 $a+b=0$ 或 $a+c=0$ 或 $b+c=0$,对于这个结论,我们不是要求学生能够精准的记住,而是要求学生能够用合适的方法推出此结论.

（2）罗楚凡同学通过移项后的变形用非常简单的方法得出此结论，并求解成功，值得点赞；马诺然同学将已知等式去分母后，通过所学知识对该轮换对称式进行因式分解从最根本的方面说明此结论，并求解成功，这对于一个六年级学生而言是难能可贵的，值得点赞.

（3）通过上传的先后顺序，依次解答正确的同学有：易湘杰、瞿楚杰、陈美希、蔡昕、张昊阳、刘日晖、万宇康、肖政邦、李颐、周成杰、郑砚迈、邹林.

对以上同学特别提出表扬，望继续努力.

巧用乘法公式解答求值问题
——2017 届叶班数学问题征解 022 解析

1. 问题征解 022

已知 $x^3 - x^{-3}$ 和 $x^4 - x^{-4}$ 都是整数,求实数 x 的值.

(叶军数学工作站编辑部提供,2017 年 10 月 14 日.)

2. 问题 022 解析

解析　令

$$\begin{cases} x^3 - x^{-3} = a \\ x^4 - x^{-4} = b \end{cases}$$

因为

$$a, b \in \mathbf{Z}$$

所以

$$a^2 = x^6 + x^{-6} - 2$$

$$b^3 = (x^4 - x^{-4})^3 =$$
$$x^{12} - 3(x^4)^2 x^{-4} + 3x^4 (x^{-4})^2 - (x^{-4})^3 =$$
$$x^{12} - x^{-12} - 3b$$

所以

$$\begin{cases} x^{12} - x^{-12} = b^3 + 3b & ① \\ x^6 + x^{-6} = a^2 + 2 & ② \end{cases}$$

令 $x^6 = t$,则 $t > 0$,则 ①② 化为

$$\begin{cases} t^2 - t^{-2} = b^3 + 3b & ③ \\ t + t^{-1} = a^2 + 2 & ④ \end{cases}$$

式 ④ 两边平方得

$$t^2 + t^{-2} = (a^2 + 2)^2 - 2 \qquad ⑤$$

令 $m = b^3 + 3b, n = (a^2 + 2)^2 - 2$,则 m, n 均为整数.

所以

$$\begin{cases} t^2 - t^{-2} = m & ⑥ \\ t^2 + t^{-2} = n & ⑦ \end{cases}$$

⑥＋⑦ 得

$$2t^2 = n + m \qquad ⑧$$

⑦－⑥ 得

$$2t^{-2} = n - m \qquad ⑨$$

⑧×⑨ 得　$(n - m)(n + m) = 4.$

因为 $n-m, n+m$ 同奇偶，所以

$$\begin{cases} n+m=2 \\ n-m=2 \end{cases} \Leftrightarrow \begin{cases} m=0 \\ n=2 \end{cases}$$

由 $m=0$ 代入 ⑥ 得

$$t^2 - t^{-2} = 0 \Rightarrow t^4 = 1$$

又 $t > 0$，所以 $t=1$，所以

$$x^6 = t = 1$$

因为 $x \in \mathbf{R}$，所以 $x = \pm 1$.

经检验，$x = \pm 1$ 符合要求.

（此解法由万宇康提供.）

3. 叶军教授点评

(1) 本题是一道关于分式的求值问题，有一定难度. 其中特别注意的是对于分式 $x^n - x^{-n}(n \in \mathbf{N}^*)$ 的变形处理，而在变形的过程中，有很多步骤不是等价的，所以最后一步的检验是必不可少的；对于这个题目，其核心思路在于如何利用两个分式都是整数这个条件，通过乘法公式消去其中的 x，然后得到一个关于所令字母的不定方程，求出所令字母再回过头求 x. 这样的解题思路可以用来解很多类似的题目，例如下面这道题：

已知 $x^2 - x^{-2}$ 和 $x^3 - x^{-3}$ 都是整数，求实数 x 的值.

这道题的解题思路与上一道题完全一样，感兴趣的同学可以试着求解一下.

(2) 从万宇康同学的解答中，我们不仅看到了他对公式的灵活运用，还看到了他两次引入参数，从而大大减少了题目的运算过程与难度，通过不断地变形得到一个非常漂亮的不定方程，并求解成功，值得点赞.

(3) 通过上传的先后顺序，依次解答正确的同学有：李颐、易湘杰.

对以上同学特别提出表扬，望继续努力.

一道经典几何问题的研究
——2017 届叶班数学问题征解 023 解析

1. 问题征解 023

如图 23.1 所示,△ABC 中,点 E,F 分别是 AC,AB 上的一点,满足 BE 平分 ∠ABC,CF 平分 ∠ACB,且 BE = CF,证明:AB = AC.

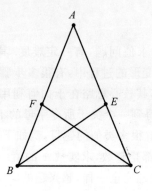

图 23.1

(叶军数学工作站编辑部提供,2017 年 10 月 21 日.)

2. 问题 023 解析

证法一　用反证法,反设 $AC \neq AB$,若 $AC > AB$,如图 23.2 所示,作 △BCE 的外接圆,与直线 CF 交于点 P,令

$$\angle ABE = \angle EBC = \alpha, \angle ACF = \angle FCB = \beta$$

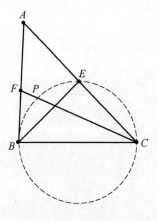

图 23.2

因为

$$AC > AB$$

所以

$$\angle ABC > \angle ACB \Rightarrow \alpha > \beta$$

又因为

$$\angle PBE = \angle PCE = \beta$$

所以

$$\angle PBE = \beta < \alpha = \angle FBE$$

所以 P 在线段 FC 上,所以

$$\angle PBC = \angle PBE + \angle EBC = \beta + \alpha > \beta + \beta = \angle ECB$$

所以 $\angle PBC$ 所对的弦长大于 $\angle ECB$ 所对的弦长,即 $PC > BE = CF > PC$,矛盾;

同理,当 $AB > AC$ 时,亦可推出矛盾.

所以 $AB = AC$.

（此证法由万宇康提供.）

证法二 如图 23.3 所示,设 $BE \bigcap CF = I$,则点 I 为 $\triangle ABC$ 的内心,过点 I 作 $ID \perp BC$ 交 BC 于点 D,则 D 为其内切圆在 BC 边上的切点.

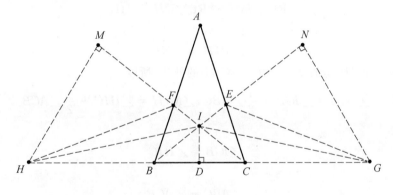

图 23.3

所以由切线长替换可得

$$BD + AC = CD + AB$$

延长 BC 到点 G,使得 $CG = AB$,延长 CB 到点 H,使得 $BH = AC$,所以

$$BD + BH = CD + CG \Rightarrow DH = DG$$

因为

$$ID \perp HG$$

所以

$$IH = IG$$

又因为 BE 为 $\angle ABC$ 的角平分线,所以

$$d_{E \to CC} = d_{E \to AB}$$

因为

$$AB = CG$$

所以
$$S_{\triangle ABE} = S_{\triangle ECG}$$
所以
$$S_{\triangle ABC} = S_{\triangle BEG}$$
同理可得
$$S_{\triangle CHF} = S_{\triangle ABC}$$
所以
$$S_{\triangle BGE} = S_{\triangle CHF}$$

分别过 G，H 作 $GN \perp BE$ 延长线于点 N，$HM \perp CF$ 延长线于点 M，因为 $BE = CF$，所以
$$HM = GN$$
在 $\text{Rt}\triangle HMI$ 与 $\text{Rt}\triangle GNI$ 中
$$\begin{cases} HM = GN \\ HI = GI \end{cases}$$
所以
$$\text{Rt}\triangle HMI \cong \text{Rt}\triangle GNI \quad \text{(HL)}$$
所以
$$\angle MIH = \angle NIG$$
因为 $\angle NIG$，$\angle MIH$ 分别为 $\triangle BIG$，$\triangle CIH$ 的外角，所以
$$\angle NIG = \angle IGB + \frac{1}{2}\angle ABC, \angle MIH = \angle IHC + \frac{1}{2}\angle ACB$$
又因为
$$\angle IGB = \angle IHC$$
所以
$$\angle ABC = \angle ACB$$
所以
$$AB = AC$$

（此证法由叶志文提供.）

证法三　因为 $BE = CF$，所以可构造 $\triangle CFG \cong \triangle EBC$，如图 23.4 所示，作 $BP \perp GC$ 延长线于点 P，$GI \perp AB$ 于点 I，令
$$\angle ABE = \angle EBC = \alpha, \angle ACF = \angle FCB = \beta$$
因为 $\triangle CFG \cong \triangle EBC$，所以
$$BC = FG, \angle CFG = \angle CBE = \alpha, \angle FCG = \angle BEC = 180° - \alpha - 2\beta$$
所以
$$\angle IFG = 180° - \angle CFG - \angle CFB = 180° - \alpha - (180° - 2\alpha - \beta) = \alpha + \beta$$
$$\angle BCP = 180° - \angle FCB - \angle FCG = 180° - \beta - (180° - \alpha - 2\beta) = \alpha + \beta$$
所以
$$\angle BCP = \angle IFG$$
在 $\triangle GFI$ 与 $\triangle BCP$ 中

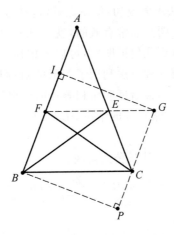

图 23.4

$$\begin{cases} \angle GIF = \angle BPC \\ \angle IFG = \angle BCP \\ FG = BC \end{cases}$$

所以

$$\triangle GFI \cong \triangle BCP \quad \text{（AAS）}$$

所以

$$BP = GI, IF = CP$$

又因为

$$BP^2 + PG^2 = GI^2 + IB^2 = BG^2$$

所以

$$BF = CG = CE$$

在 $\triangle FBC$ 与 $\triangle ECB$ 中

$$\begin{cases} FC = EB \\ BC = CB \\ FB = EC \end{cases}$$

所以

$$\triangle FBC \cong \triangle ECB \quad \text{（SSS）}$$

所以

$$\angle FBC = \angle ECB$$

所以

$$AB = AC$$

（此解法由叶志文提供.）

3. 叶军教授点评

（1）这道几何题所给条件并不是很多，图形也相对而言简单，但其几何方法的解答并没有那么容易写出，很多同学给出的证明都是伪证，通过对这道几何题的研究，我们可以得到一些相应辅助线作法的技巧.

(2)万宇康同学利用反证法求解成功,值得点赞,这种方法我们在几何中见到的次数并不多,但它对于某些几何题的证明是非常有效的,就比如对这道题而言,用反证法证明是最简单有效的,所以同学们以后碰到几何证明题,可以考虑用反证法来证明其结论;叶志文老师给出了两种几何证明方法,第一种方法利用了图形的对称性,作左右两边对称的图形,通过面积关系得出相应的线段关系,最后证明角相等从而证出结论;第二种方法是通过构造全等三角形并利用角的换算得到非常重要的结论 $FB=EC$,并用此结论证出题中要证结论,值得点赞.

(3)本题还可以采用内角平分线长公式解决:

证明　由内角平分线长公式可知,$BE = \dfrac{2ca}{c+a} \cdot \cos\dfrac{B}{2}$,$CF = \dfrac{2ab}{a+b} \cdot \cos\dfrac{C}{2}$.

由于 $BE = CF$,因此

$$\frac{2ca}{c+a} \cdot \cos\frac{B}{2} = \frac{2ab}{a+b} \cdot \cos\frac{C}{2}$$

即

$$\frac{\cos\dfrac{B}{2}}{\cos\dfrac{C}{2}} = \frac{bc+ba}{ac+bc}$$

假设 $AB > AC$,即 $c > b$,则必有 $\angle C > \angle B$. 从而

$$\frac{\cos\dfrac{B}{2}}{\cos\dfrac{C}{2}} > 1$$

故 $\dfrac{bc+ba}{ac+bc} > 1$,即 $b > c$.

这与假设 $c > b$ 矛盾,故假设 $AB > AC$ 不成立.

同理可证 $AB < AC$ 也不成立.

综上,$AB = AC$.

整除性问题
——2017 届叶班数学问题征解 024 解析

1. 问题征解 024

设正整数 a,b 满足 $a>b>1$，且 $2a+2b+ab-1$ 能被 $2ab$ 整除.

(1) 求证：$(2a-1)(2b-1)(ab-1)$ 也能被 $2ab$ 整除.

(2) 求所有满足条件的正整数对 (a,b).

（叶军数学工作站编辑部提供，2017 年 10 月 28 日.）

2. 问题 024 解析

证法一 （1）因为

$$2ab \mid 2a+2b+ab-1$$
$$\Rightarrow 2 \mid 2(a+b)+ab-1$$
$$\Rightarrow 2 \mid ab-1$$

因为

$$2ab \mid 2a+2b+ab-1$$
$$\Rightarrow 2ab \mid (-4ab+2a+2b-1)+5ab$$
$$\Rightarrow ab \mid (-4ab+2a+2b-1)+5ab$$
$$\Rightarrow ab \mid -4ab+2a+2b-1$$
$$\Rightarrow ab \mid 4ab-2a-2b+1$$
$$\Rightarrow ab \mid (2a-1)(2b-1)$$

所以

$$2ab \mid (ab-1)(2a-1)(2b-1)$$

（2）因为 $a>b>1$，所以

$$2a+2b+ab-1>0, 2ab>0$$

因为

$$2ab \mid 2a+2b+ab-1$$

所以

$$2a+2b+ab-1=2tab \quad (t \geqslant 1, t \in \mathbf{Z})$$

所以

$$2a+2b+ab-1 \geqslant 2ab$$
$$\Rightarrow -(a-2)(b-2)+3 \geqslant 0$$
$$\Rightarrow (a-2)(b-2) \leqslant 3$$

因为 $a,b \in \mathbf{N}^*, a>b>1$，所以

$$a \geqslant 3, b \geqslant 2$$

所以

$$a \geqslant 3 \Rightarrow a - 2 \geqslant 1, b \geqslant 2 \Rightarrow b - 2 \geqslant 0$$

所以

$$(a-2)(b-2) = 0, 1, 2, 3$$

所以

$$a = 3, 4, 5$$

将 $a = 3, 4, 5$ 代入上方程求出满足方程的 $b = 2, 3, 4$,经检验,只有 $(a, b) = (5, 3)$ 满足条件,所以 $(a, b) = (5, 3)$.

(此证法由万宇康提供.)

证法二 （1）

$$\begin{aligned}
(2a-1)(2b-1)(ab-1) &= (4ab - 2a - 2b + 1)(ab - 1) \equiv \\
&\quad (-2a - 2b + 1)(ab - 1) = \\
&\quad ab(-2a - 2b + 1) + 2a + 2b - 1 = \\
&\quad -2a^2b - 2ab^2 + ab + 2a + 2b - 1 \equiv \\
&\quad 2a + 2b + ab - 1 \equiv \\
&\quad 0 \pmod{2ab}
\end{aligned}$$

所以

$$2ab \mid (2a-1)(2b-1)(ab-1)$$

（2）由题意得

$$a \mid 2a + 2b + ab - 1 \Rightarrow a \mid 2b - 1$$

所以可设

$$2b - 1 = ma, m \in \mathbf{N}^*$$
$$b \mid 2a + 2b + ab - 1 \Rightarrow b \mid 2a - 1$$

所以可设

$$2a - 1 = nb, n \in \mathbf{N}^*$$

则

$$ma \cdot nb = (2b-1)(2a-1) < 2b \cdot 2a \Rightarrow mn \leqslant 3$$

因为

$$a > b$$

所以

$$n > m$$

所以

$$m = 1, n = 2 \text{ 或 } 3$$

当 $n = 2$ 时

$$2a - 1 = 2b \quad (奇偶性矛盾)$$

所以 $n = 3$,由

$$\begin{cases} 2b - 1 = a \\ 2a - 1 = 3b \end{cases}$$

得

$$\begin{cases} a = 5 \\ b = 3 \end{cases}$$

所以 $(a,b) = (5,3)$.

（此证法由易湘杰提供.）

3. 叶军教授点评

（1）有些问题,从小学竞赛一直到 IMO 都占有重要地位,整除性问题就是其中最具代表性的例证;显然,不同层次有不同的要求,但任何层次都离不开那些最基础,最朴素的思想和方法,这些方法我们会在后续的奥数论里相继学到.

（2）万宇康同学通过整除的性质求证第一问成功,并通过第一问的结论构造出相应的不定方程,最后求解成功,值得点赞;易湘杰同学通过同余的性质求证第一问成功,利用字母之间的关系构造不等式后求解第二问成功,值得点赞.

（3）根据上传的先后顺序,依次求解成功的同学有:瞿楚杰、余博、朱煜翔、谢睿杰、薛哲、张昊阳.

对以上同学特别提出表扬,希望同学们踊跃作答.

方程组解情况的估值
——2017 届叶班数学问题征解 025 解析

1. 问题征解 025

求所有满足 $a_1 \leqslant a_2 \leqslant \cdots \leqslant a_n$ 的正整数组 $(a_1, a_2, \cdots, a_n)$，使得

$$\begin{cases} a_1 + a_2 + \cdots + a_n = 26 \\ a_1^2 + a_2^2 + \cdots + a_n^2 = 62 \\ a_1^3 + a_2^3 + \cdots + a_n^3 = 164 \end{cases}$$

（叶军数学工作站编辑部提供,2017 年 11 月 3 日.）

2. 问题 025 解析

解法一　因为 $a_n^3 < 164$,所以 $a_n \leqslant 5$.

若 $a_1, a_2, \cdots, a_n$ 中有一个 5,则设 $a_n = 5$,原方程组可化为

$$\begin{cases} a_1 + a_2 + \cdots + a_{n-1} = 21 \\ a_1^2 + a_2^2 + \cdots + a_{n-1}^2 = 37 \\ a_1^3 + a_2^3 + \cdots + a_{n-1}^3 = 39 \end{cases}$$

因为

$$a_{n-1}^3 < 39$$

所以

$$a_{n-1} \leqslant 3$$

设 $a_1, a_2, \cdots, a_{n-1}$ 中有 x 个 1,y 个 2,z 个 3 则有

$$\begin{cases} x + 2y + 3z = 21 \\ x + 4y + 9z = 37 \\ x + 8y + 27z = 39 \end{cases}$$

该方程组无自然数解,所以 $a_1, a_2, \cdots, a_n$ 中没有 5;

所以 $a_n \leqslant 4$,又因为

$$2 \times 4^3 < 164, 3 \times 4^3 > 164$$

所以 $a_1, a_2, \cdots, a_n$ 中最多有 2 个 4.

若其中有 2 个 4,设 $a_n = 4, a_{n-1} = 4$,则原方程组可化为

$$\begin{cases} a_1 + a_2 + \cdots + a_{n-2} = 18 \\ a_1^2 + a_2^2 + \cdots + a_{n-2}^2 = 30 \\ a_1^3 + a_2^3 + \cdots + a_{n-2}^3 = 36 \end{cases}$$

设 $a_1, a_2, \cdots, a_{n-2}$ 中有 x 个 1,y 个 2,z 个 3 则有

$$\begin{cases} x+2y+3z=18 \\ x+4y+9z=30 \\ x+8y+27z=36 \end{cases}$$

该方程组无自然数解,所以 $a_1,a_2,\cdots,a_n$ 不能有 2 个 4;

若其中有 1 个 4,设 $a_n=4$,则原方程组可化为

$$\begin{cases} a_1+a_2+\cdots+a_{n-1}=22 \\ a_1^2+a_2^2+\cdots+a_{n-1}^2=46 \\ a_1^3+a_2^3+\cdots+a_{n-1}^3=100 \end{cases}$$

设 $a_1,a_2,\cdots,a_{n-1}$ 中有 x 个 1,y 个 2,z 个 3 则有

$$\begin{cases} x+2y+3z=22 \\ x+4y+9z=46 \\ x+8y+27z=100 \end{cases}$$

解得 $(x,y,z)=(1,9,1)$,所以满足条件的 $(a_1,a_2,\cdots,a_n)=(1,2,2,2,2,2,2,2,2,2,3,4)$;

若 $a_1,a_2,\cdots,a_n$ 中没有 4,设其中有 x 个 1,y 个 2,z 个 3,则方程组可化为

$$\begin{cases} x+2y+3z=26 \\ x+4y+9z=62 \\ x+8y+27z=164 \end{cases}$$

解得 $(x,y,z)=(5,3,5)$,所以满足条件的 $(a_1,a_2,\cdots,a_n)=(1,1,1,1,1,2,2,2,3,3,3,3,3)$.

综上所述,原方程组的解为

$(a_1,a_2,\cdots,a_n)=(1,2,2,2,2,2,2,2,2,2,3,4),(1,1,1,1,1,2,2,2,3,3,3,3,3)$

（此解法由余博提供.）

解法二 因为

$$6^3=216>164$$

所以

$$a_1\leqslant a_2\leqslant\cdots\leqslant a_n\leqslant 5$$

设 $a_1,a_2,\cdots,a_n$ 中 1,2,3,4,5 的个数分别为 b_1,b_2,b_3,b_4,b_5,则原方程组可化为

$$\begin{cases} b_1+b_2+b_3+b_4+b_5=n & ① \\ b_1+2b_2+3b_3+4b_4+5b_5=26 & ② \\ b_1+4b_2+9b_3+16b_4+25b_5=62 & ③ \\ b_1+8b_2+27b_3+64b_4+125b_5=164 & ④ \end{cases}$$

由 ④ 知 $b_5=0$ 或 1,当 $b_5=1$ 时,③④ 可化为

$$\begin{cases} b_1+4b_2+9b_3+16b_4=37 & ⑤ \\ b_1+8b_2+27b_3+64b_4=39 & ⑥ \end{cases}$$

（⑥ − ⑤）$\times\dfrac{1}{2}$ 得

$$2b_2+9b_3+24b_4=1$$

这与 $b_i\in \mathbf{N}(i=1,2,3,4,5)$ 矛盾;

当 $b_5 = 0$ 时,(④—③)$\times \dfrac{1}{2}$ 得

$$2b_2 + 9b_3 + 24b_4 = 51 \qquad\qquad ⑦$$

(③—②)$\times \dfrac{1}{2}$ 得

$$b_2 + 3b_3 + 6b_4 = 18 \qquad\qquad ⑧$$

(⑦—2$\times$⑧)$\times \dfrac{1}{3}$ 得

$$b_3 + 4b_4 = 5$$

所以

$$(b_3, b_4) = (1,1), (5,0)$$

当 $(b_3, b_4) = (1,1)$ 时,代入方程组中解得

$$(b_1, b_2, b_3, b_4, b_5) = (1,9,1,1,0)$$

当 $(b_3, b_4) = (5,0)$ 时,代入方程组中解得

$$(b_1, b_2, b_3, b_4, b_5) = (5,3,5,0,0)$$

所以原方程组的解为

$$(a_1, a_2, \cdots, a_n) = (1,2,2,2,2,2,2,2,2,2,3,4), (1,1,1,1,1,2,2,2,3,3,3,3,3)$$

(此解法由万宇康提供.)

3. 叶军教授点评

(1) 本题之所以有难度在于不知道 n 的具体值,我们只能大概的利用估值的方法来判断最大的 a_n 的范围,然后通过这个范围把每一个可能整数的个数设为未知数,将原方程组未知数的个数变成可数个,这样才能求出其解.

(2) 余博同学和万宇康同学都判断出了 $a_n \leqslant 5$,余博同学通过一步一步的递推判断,排除了一个个不可能等于的值,最后求解成功,值得点赞,这种解法对于每一小步的细节把握能力要求较强,比较难写全;而万宇康同学从总体出发,直接将可能等于的 1,2,3,4,5 这 5 个数的个数设为未知数,通过对方程组的分析以及最后得到的关键的不定方程求解成功,值得点赞,其方法更加简单易写.

含参数的不定方程问题
——2017 届叶班数学问题征解 026 解析

1. 问题征解 026

试求整数 m 的最大值和最小值,使关于 x,y 的不定方程 $7x+11y=m$ 恰有唯一正整数解.

（叶军数学工作站编辑部提供,2017 年 11 月 11 日.）

2. 问题 026 解析

解法一　设 $(x,y)=(x_0,y_0)$ 为 $7x+11y=m$ 的一组整数解,则

$$\begin{cases} x=x_0-11t \\ y=y_0+7t \end{cases} (t \in \mathbf{Z})$$

为原不定方程的一般整数解,因为原不定方程只有一组正整数解 (a,b),所以

$$\begin{cases} a \geqslant 1 \\ b \geqslant 1 \\ a-11 \leqslant 0 \\ b-7 \leqslant 0 \end{cases}$$

所以

$$1 \leqslant a \leqslant 11, 1 \leqslant b \leqslant 7$$

因为

$$m=7a+11b$$

求最小值:

$$m \geqslant 7 \times 1 + 11 \times 1 = 18$$

当 $m=18$ 时,原不定方程有唯一正整数解 $(1,1)$.所以 $m_{\min}=18$;

求最大值:

$$m \leqslant 7 \times 11 + 11 \times 7 = 154$$

当 $m=154$ 时,原不定方程有唯一正整数解 $(11,7)$,所以 $m_{\max}=154$.

综上所述,$m_{\min}=18,m_{\max}=154$.

（此解法由万宇康提供.）

解法二　方程两边 $\bmod 7$ 得

$$11y \equiv m(\bmod 7)$$

所以

$$y \equiv 2m(\bmod 7)$$
$$y=2m-7t,t \in \mathbf{Z}$$

代入原方程得

$$7x + 11(2m - 7t) = m$$

所以

$$x = -3m + 11t$$

故原方程的整数通解为

$$\begin{cases} x = -3m + 11t \\ y = 2m - 7t \end{cases} \quad (t \in \mathbf{Z})$$

令 $x > 0, y > 0$,得

$$\begin{cases} -3m + 11t > 0 \\ 2m - 7t > 0 \end{cases} \Leftrightarrow \frac{3m}{11} < t < \frac{2m}{7} \quad (*)$$

故问题等价于求整数 m 的最大值,最小值,使不等式($*$)有唯一正整数解.

如图 26.1 所示,在开区间 $\left(\dfrac{3m}{11}, \dfrac{2m}{7}\right)$ 内不等式($*$)有唯一正整数解 $\alpha + 1$ 当且仅当

$$\begin{cases} \alpha \leqslant \dfrac{3m}{11} < \alpha + 1 \\ \alpha + 1 < \dfrac{2m}{7} \leqslant \alpha + 2 \end{cases} \Leftrightarrow \begin{cases} 0 \leqslant 3m - 11\alpha \leqslant 10 \\ 0 < 2m - 7(\alpha + 1) \leqslant 7 \end{cases}$$

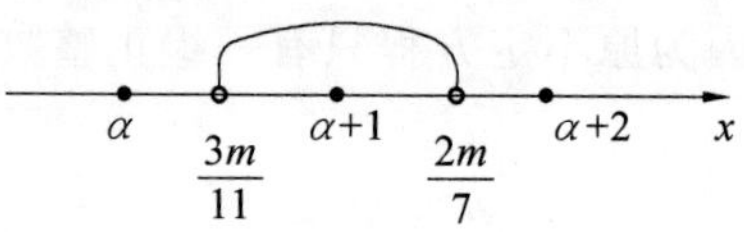

图 26.1

令 $3m - 11\alpha = r_1, 2m - 7(\alpha + 1) = r_2$,则

$$\begin{cases} 3m = 11\alpha + r_1, 0 \leqslant r_1 \leqslant 10 \\ 2m = 7\alpha + 7 + r_2, 1 \leqslant r_2 \leqslant 7 \end{cases}$$

消去 α 得

$$m = 77 + 11r_2 - 7r_1 \quad (**)$$

(1) 求 m 的最小值.

因为

$$r_1 \leqslant 10, r_2 \geqslant 1$$

所以

$$m \geqslant 77 + 11 - 7 \times 10 = 18$$

当 $m = 18$ 时,不等式($*$)化为

$$\frac{3 \times 18}{11} < \frac{2 \times 18}{7} \Leftrightarrow 4\frac{10}{11} < t < 5\frac{1}{7}$$

故不等式($*$)有唯一整数解 $t = 5$,从而 $m_{\min} = 18$.

(2) 求 m 的最大值.

因为

$$r_1 \geqslant 0, r_1 \leqslant 7$$

所以
$$m \leqslant 77 + 11 \times 7 - 0 = 154$$

当 $m = 154$ 时,不等式($*$)化为
$$\frac{3 \times 154}{11} < t < \frac{2 \times 154}{7} \Leftrightarrow 42 < t < 44$$

故不等式($*$)有唯一整数解 $t = 43$,从而 $m_{\max} = 154$.

(此解法由叶志文提供.)

3. 叶军教授点评

(1) 本题看似困难,实际很简单,对于唯一正整数解这个问题,只要先确定不定方程的一般解,然后根据一般解的情况,确定一个方程组即可,并且在这个方程组中,对于不定方程的一般整数解,只需取参数为 ± 1 即可,取绝对值更大的参数,不会对不等式组的解集产生影响,特别要注意的是,对于求最值的问题,一定要用到最值原理. 但是这种解法只能应付这样特殊情况的题,而对于一般情况的题,可能大于等于或小于等于的那个值取不到,所以要按照叶志文老师的步骤来,使得每一步都是等价的,他的这种方法是解决这类型题目的通用法. 值得指出的是,m 的值并不是18到154之间的全体整数,例如:当 $m = 59$ 时,不等式($*$)化为 $\frac{3 \times 59}{11} < t < \frac{2 \times 59}{7} \Leftrightarrow 16\frac{1}{11} < t < 16\frac{6}{7}$,故不等式($*$)无整数解.

可以求出 m 的整数值共有 $7 \times 11 = 77$ 个,可分7类:

$r_2 = 1$ 时,$m = 88 - 7r_1$.

所以 $r_1 = 0,1,2,3,4,5,6,7,8,9,10$ 时,$m = 88,81,74,67,60,53,46,39,32,25,18$;

所以 $r_2 = 2$ 时,$m = 99 - 7r_1$.

所以 $r_1 = 0,1,2,3,4,5,6,7,8,9,10$ 时,$m = 99,92,85,78,71,64,57,50,43,36,29$;

$r_2 = 3$ 时,$m = 110 - 7r_1$.

所以 $m = 110,103,96,89,82,75,68,61,54,47,40$;

$r_2 = 4$ 时,$m = 121 - 7r_1$.

所以 $m = 121,114,107,100,93,86,79,72,65,58,51$;

$r_2 = 5$ 时,$m = 132 - 7r_1$.

所以 $m = 132,125,118,111,104,97,90,83,76,69,62$;

$r_2 = 6$ 时,$m = 143 - 7r_1$.

所以 $m = 143,136,129,122,115,108,101,94,87,80,73$;

$r_2 = 7$ 时,$m = 154 - 7r_1$.

所以 $m = 154,147,140,133,126,119,112,105,98,91,84$.

所以这77个数从小到大排列为:

18,25,29,32,36,39,40,43,46,47,50,51,53,54,57,58,60,61,62,64,65,67,68,69, 71,72,73,74,75,76,78,79,80,81,82,83,84,85,86,87,88,89,90,91,92,93,94,96,97,98, 99,100,101,103,104,105,107,108,110,111,112,114,115,118,119,121,122,125,126, 129,132,133,136,140,143,147,154.

我们在这里给出一个更一般的问题供同学们思考：d 是正整数 a 和 b 的最大公约数（且 d 不含有平方因数），如果关于 x 和 y 的不定方程 $ax+by=m$ 有唯一的正整数解，那么 m 的最大值为 $\dfrac{2ab}{d}$.

（2）万宇康同学就是严格按照上述步骤求解，并求解成功，值得点赞.

（3）本次征解题依次求解成功的同学有：张昊阳、余博、邹林.

对以上同学特别提出表扬，希望他们继续努力.

等式中的最值问题
——2017 届叶班数学问题征解 027 解析

1. 问题征解 027

已知 100 个正整数 $x_1, x_2, \cdots, x_{100}$ 满足 $x_1 + x_2 + \cdots + x_{100} = x_1 x_2 \cdots x_{100}$，试求 x_{100} 的最大值.

(叶军数学工作站编辑部提供,2017 年 11 月 18 日.)

2. 问题 027 解析

解析　由对称性可不妨设

$$1 \leqslant x_1 \leqslant x_2 \leqslant \cdots \leqslant x_{100}$$

则已知等式可化为

$$x_{100} = \frac{x_1 + x_2 + \cdots + x_{100}}{x_1 x_2 \cdots x_{99}} =$$

$$\frac{1}{x_2 x_3 \cdots x_{99}} + \frac{1}{x_1 x_3 \cdots x_{99}} + \cdots + \frac{x_{100}}{x_1 x_2 \cdots x_{99}} \leqslant$$

$$\frac{1}{x_{99}} + \frac{1}{x_{99}} + \cdots + 1 + \frac{x_{100}}{x_{99}} =$$

$$\frac{98}{x_{99}} + 1 + \frac{x_{100}}{x_{99}}$$

(等号成立当且仅当 $x_1 = x_2 = \cdots = x_{98} = 1$)

当 $x_{99} < 2$ 时

$$x_1 = x_2 = \cdots = x_{99} = 1$$

原式可化为

$$99 + x_{100} = x_{100} \Rightarrow 99 = 0 \quad (\text{矛盾})$$

当 $x_{99} \geqslant 2$ 时,所以

$$x_{100} \leqslant \frac{98}{x_{99}} + 1 + \frac{x_{100}}{x_{99}} \Rightarrow x_{100} \leqslant \frac{98 + x_{99}}{x_{99} - 1} = 1 + \frac{99}{x_{99} - 1} \leqslant 1 + \frac{99}{2 - 1} = 100$$

等号成立当且仅当 $x_{99} = 2$.

所以当 $x_1 = x_2 = \cdots = x_{98} = 1, x_{99} = 2$ 时,$(x_{100})_{\max} = 100$.

(此解法由莫一提供.)

3. 叶军教授点评

(1) 最值问题往往要用到最值原理,对于最值原理的运用,我们一定是要分两步走的,而其中的第二步,是否能够取到等号在求解问题中尤为重要,本题其实可以转变成一个更一般的问题:

已知 n 个正整数 $x_1, x_2, \cdots, x_n$ 满足 $x_1 + x_2 + \cdots + x_n = x_1 x_2 \cdots x_n$,试求 x_n 的最大值.

我们可以通过变形得到 $x_{n-1} \geqslant 2$,再利用不等式分析得到 $(x_n)_{\max} = n$,下面给出这个题目的解答:

解析　由对称性可不妨设

$$x_1 \leqslant x_2 \leqslant \cdots \leqslant x_n$$

若 $x_{n-1} = 1$,则

$$x_1 = x_2 = \cdots = x_{n-1} = 1$$

从而 $(n-1) + x_n = x_n \Rightarrow n = 1$,矛盾;

故 $x_{n-1} \geqslant 2$,从而

$$1 = \sum_{i=1}^{n} \frac{x_i}{x_1 x_2 \cdots x_n} \leqslant \frac{n-2}{x_{n-1} x_n} + \frac{1}{x_{n-1}} + \frac{1}{x_n}$$

$$\Leftrightarrow (x_n - 1)(x_{n-1} - 1) \leqslant n - 1$$

$$\Rightarrow x_{n-1} \leqslant (x_n - 1)(x_{n-1} - 1) \leqslant n - 1$$

所以 $x_n \leqslant n$.

另一方面,当 $(x_1, x_2, \cdots, x_{n-2}, x_{n-1}, x_n) = (1, 1, \cdots, 1, 2, n)$ 时,已知等式成立.

所以 $(x_n)_{\max} = n$.

(2)莫一同学按照不等式分析与最值原理求解成功,值得点赞.

(3)本次征解题依次求解成功的同学有:陈美希、余博、薛哲、谢睿杰.

对以上同学特别提出表扬,希望他们继续努力.

平行线分线段成比例定理的运用
——2017 届叶班数学问题征解 028 解析

1. 问题征解 028

如图 28.1 所示,在 $\triangle ABC$ 中,点 E,D 分别为 AB 与 BC 中点,F 是 DC 上一点,联结 AF, EF,作 $CG \parallel EF$,CG 交 AB 于点 G,联结 GD,证明:$GD \parallel AF$.

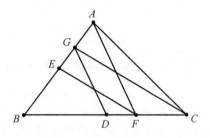

图 28.1

(叶军数学工作站编辑部提供,2017 年 11 月 25 日.)

2. 问题 028 解析

证明 令
$$BD = a, DF = b, BE = c$$
因为 D,E 分别为 BC,BA 的中点,所以
$$CF = a - b$$
因为
$$CG \parallel EF$$
所以
$$\frac{BE}{BF} = \frac{GE}{FC} \Rightarrow \frac{c}{a+b} = \frac{GE}{a-b}$$
所以
$$GE = \frac{(a-b)c}{a+b}$$
所以
$$BG = BE + GE = c + \frac{(a-b)c}{a+b} = \frac{2ac}{a+b}$$
所以
$$\frac{BG}{AB} = \frac{\frac{2ac}{a+b}}{2c} = \frac{a}{a+b} = \frac{BD}{BF}$$

所以 $GD /\!/ AF$.

（此证法由万宇康提供.）

3. 叶军教授点评

（1）本题是一道简单的跟相似有关的题，可以通过相似证明其结论，但最简单的证明只需利用平行线分线段成比例定理来证明，只需证明 $\dfrac{BG}{AG}=\dfrac{BD}{DF}$ 即可，而由已知条件 $CG /\!/ FE$ 可推出 $\dfrac{BF}{FC}=\dfrac{BE}{EG}$，再通过 D,E 是 BC,BA 中点可将上面两个比例式进行变形

$$\frac{BF}{FC}=\frac{BE}{EG}\Leftrightarrow\frac{\frac{1}{2}BC+DF}{\frac{1}{2}BC-DF}=\frac{\frac{1}{2}BA}{EG}\Leftrightarrow\frac{1}{2}BC\cdot EG+EG\cdot DF=\frac{1}{4}BA\cdot BC-\frac{1}{2}BA\cdot DF$$

$$\frac{BG}{AG}=\frac{BD}{DF}\Leftrightarrow\frac{\frac{1}{2}BA+EG}{\frac{1}{2}BA-EG}=\frac{\frac{1}{2}BC}{DF}\Leftrightarrow\frac{1}{4}BC\cdot BA-\frac{1}{2}BC\cdot EG=\frac{1}{2}BA\cdot DF+DF\cdot EG$$

显然，以上两个式子是等价的，证毕.

（2）万宇康同学利用平行线分线段成比例定理求证成功，值得点赞.

（3）通过上传的先后顺序，依次求解成功的同学有：莫一、朱煜翔、潘昊昕、谢睿杰、周昊星、黄袁宇轩.

对以上同学特别提出表扬，希望同学们继续努力.

恒成立与最值问题
——2017届叶班数学问题征解029解析

1. 问题征解029

设 $u = |a+b+c| - |a+b| - |b+c| - |c+a|$，若对任意实数 a,b,c 都有 $u \geqslant \lambda(|a|+|b|+|c|)$，求 λ 的最大值.

（叶军数学工作站编辑部提供，2017 年 12 月 2 日.）

2. 问题029解析

解析　题中不等式可化为，对任意 $a,b,c \in \mathbf{R}$，均有

$$\frac{|a+b+c| - |a+b| - |b+c| - |c+a|}{|a|+|b|+|c|} \geqslant \lambda \qquad ①$$

所以

$$\lambda_{\max} = \left(\frac{|a+b+c| - |a+b| - |b+c| - |c+a|}{|a|+|b|+|c|} \right)_{\min}$$

取 $a=1, b=1, c=1$，则 ① 可化为 $\lambda \leqslant -1$，下证

$$\frac{|a+b+c| - |a+b| - |b+c| - |c+a|}{|a|+|b|+|c|} \geqslant -1$$

则只需证对任意 $a,b,c \in \mathbf{R}$，均有

$$|a|+|b|+|c|+|a+b+c| \geqslant |a+b|+|b+c|+|c+a| \qquad ②$$

下面对 a,b,c 的取值分类进行讨论：

（1）若 a,b,c 中有一个为 0，有对称性不妨设 $c=0$，则

$$|a|+|b|+|c|+|a+b+c| = |a|+|b|+|a+b| = |a+b|+|b|+|a|$$

式 ② 成立.

（2）a,b,c 同号时，有

$$|a|+|b|+|c|+|a+b+c| = 2(|a|+|b|+|c|)$$

$$|a+b|+|b+c|+|c+a| = 2(|a|+|b|+|c|)$$

所以

$$|a|+|b|+|c|+|a+b+c| = |a+b|+|b+c|+|c+a|$$

式 ② 成立

（3）当 a,b,c 不同号时，由抽屉原理，必有两数同号，若有两数为正，由对称性，不妨设 a，b 为正，c 为负，则有

$$② \Leftarrow a+b-c+|a+b+c| \geqslant a+b+|b+c|+|c+a|$$

$$\Leftarrow |a+b+c| - c \geqslant |b+c|+|c+a|$$

$$\Leftarrow (a+b+c)^2 - 2c|a+b+c| + c^2 \geqslant (b+c)^2 + (c+a)^2 + 2|(b+c)(c+a)|$$

$$\Leftarrow ab - c|a+b+c| \geqslant |(b+c)(c+a)|$$

$$\Leftarrow |ab| + |(a+b+c)c| \geqslant |(b+c)(c+a)|$$

$$\Leftarrow |ab| + |ac+bc+c^2| \geqslant |ab+(ac+bc+a^2)|$$

显然成立.

（4）若有两数为负，不妨设 b,c 为负，a 为正，则 $-b,-c$ 为正，$-a$ 为负，所以同理可得式 ② 成立.

综上所述，对于任意的实数 a,b,c，$|a|+|b|+|c|+|a+b+c| \geqslant |a+b|+|b+c|+|c+a|$ 恒成立，当 a,b,c 同号时，等号成立.

所以 $\lambda_{\max} = \left(\dfrac{|a+b+c| - |a+b| - |b+c| - |c+a|}{|a|+|b|+|c|} \right)_{\min} = -1.$

（此解法由万宇康提供.）

3. 叶军教授点评

（1）对于恒成立求值问题，我们往往可以通过代数先确定要求的值，然后再证明这个数值对问题中的代数式恒成立，本题就是一道典型的恒成立求最值问题，本题的核心在于找到不等式 $|a|+|b|+|c|+|a+b+c| \geqslant |a+b|+|b+c|+|c+a|$，并对其进行证明；在处理含绝对值的不等式的问题时，我们往往要考虑如何将绝对值去掉，用的最多的方法无非两类：第一类是利用平方去绝对值；第二类是通过分类讨论法将绝对值去掉. 很多较难的绝对值问题一旦将绝对值去掉就会变得较为简单了. 下面，我们给出另外几种证明方法：

设 a,b,c 为实数，则

$$|a|+|b|+|c|+|a+b+c| \geqslant |a+b|+|b+c|+|c+a| \qquad (*)$$

证法一　不等式 $(*)$ 等价于

$$(|a|+|b|+|c|+|a+b+c|)^2 \geqslant (|a+b|+|b+c|+|c+a|)^2$$

$$\Leftrightarrow a^2 + b^2 + c^2 + (a+b+c)^2 + 2|ab| + 2|bc| + 2|ca| + 2(|a|+|b|+|c|)|a+b+c| \geqslant (a+b)^2 + (b+c)^2 + (c+a)^2 + 2|(a+b)(b+c)| + 2|(b+c)(c+a)| + 2|(c+a)(a+b)|$$

$$\Leftrightarrow |ab| + |bc| + |ca| + (|a|+|b|+|c|)|a+b+c| \geqslant |(a+b)(b+c)| + |(b+c)(c+a)| + |(c+a)(a+b)| \qquad (**)$$

另一方面

$$|bc| + |a(a+b+c)| \geqslant |bc+(b+c)a+a^2| = |(a+b)(a+c)| \qquad ①$$

$$|ba| + |c(a+b+c)| \geqslant |(c+a)(c+b)| \qquad ②$$

$$|ac| + |b(a+b+c)| \geqslant |(b+a)(b+c)| \qquad ③$$

以上三式相加得证式 $(**)$.

证法二　因为

$$|b+c| = |(-a)+(a+b+c)| \leqslant |a| + |a+b+c|$$

所以

$$|a| + |a+b+c| - |b+c| \geqslant 0$$

同理

$$|b| + |a+b+c| - |c+a| \geqslant 0$$

$$|c| + |a+b+c| - |a+b| \geqslant 0$$

所以

$$(|a|+|b|+|c|-|b+c|-|c+a|-|a+b|+|a+b+c|) \cdot$$

$$(|a|+|b|+|c|+|a+b+c|) =$$

$$(|b|+|c|-|b+c|)(|a|+|a+b+c|-|b+c|) +$$

$$(|c|+|a|-|c+a|)(|b|+|a+b+c|-|c+a|) +$$

$$(|a|+|b|-|a+b|)(|c|+|a+b+c|-|a+b|) \geqslant 0$$

故不等式（ * ）成立.

（2）万宇康同学通过先确定 λ 的取值，再利用分类讨论、平方法的思想去掉问题中的绝对值将问题求解成功，值得点赞.

几何中的面积问题
——2017 届叶班数学问题征解 030 解析

1. 问题征解 030

如图 30.1 所示,在平行四边形 $ABCD$ 中,E 在边 BC 上,F 在边 CD 上,$\triangle ABE$,$\triangle ADF$,$\triangle CEF$ 的面积分别为 S_1,S_2,S_3,求 $\triangle AEF$ 的面积 S.

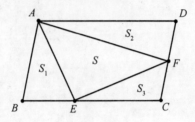

图 30.1

（叶军数学工作站编辑部提供,2017 年 12 月 9 日.）

2. 问题 030 解析

解析　令 $BC=a$,$h_{BC}=h=h_1+h_2$,（如图 30.2 所示）则

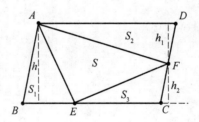

图 30.2

$$h_2=h-h_1=h-\frac{2S_2}{a},CE=a-BE=a-\frac{2S_1}{h}$$

所以

$$2S_3=CE\cdot h_2=\left(a-\frac{2S_1}{h}\right)\left(h-\frac{2S_2}{a}\right)=$$
$$\frac{(ah-2S_1)(ah-2S_2)}{ah}$$

所以

$$2S_3\cdot ah=(ah-2S_1)(ah-2S_2)=$$
$$(ah)^2-(2S_1+2S_2)ah+4S_1S_2$$

所以

$$(ah)^2 - 2(S_1 + S_2 + S_3)ah + 4S_1S_2 = 0$$

所以

$$ah = S_1 + S_2 + S_3 + \sqrt{(S_1 + S_2 + S_3)^2 - 4S_1S_2}$$

所以

$$S = ah - (S_1 + S_2 + S_3) = \sqrt{(S_1 + S_2 + S_3)^2 - 4S_1S_2}$$

（此解法由余博提供.）

3. 叶军教授点评

（1）本题是一道较为简单的面积计算问题,其中心思想是利用所设中间参量来求整体图形面积,求出参量与所有已知条件的关系,最后消去参量求解,这是一种非常重要的解题方法,在代数中也常常用到.

（2）余博同学通过设三条高线,利用面积公式构造出与平行四边形 $ABCD$ 面积有关的一元二次方程,解出方程并求解成功,值得点赞.值得指出的是,这是一个非常漂亮的解答.

（3）通过上传答案的先后顺序,利用类似方法解答成功的同学有:万宇康.

对万宇康同学提出表扬,望继续努力.

绝对值不等式与最值问题
——2017 届叶班数学问题征解 031 解析

1. 问题征解 031

设 $x, y, z \in [0,1]$，且 $|x-y| \leqslant \dfrac{1}{2}$，$|y-z| \leqslant \dfrac{1}{2}$，$|z-x| \leqslant \dfrac{1}{2}$，试求 $u = x + y + z - xy - yz - zx$ 的最大值与最小值.

（叶军数学工作站编辑部提供，2017 年 12 月 16 日.）

2. 问题 031 解析

解析　先求最小值：

令 $t = x + y + z$，则 $t \in [0,3]$

$$u = x + y + z - \frac{1}{3}\left[(x+y+z)^2 - \frac{1}{2}(x-y)^2 - \frac{1}{2}(y-z)^2 - \frac{1}{2}(z-x)^2\right] =$$

$$t - \frac{1}{3}t^2 + \frac{1}{6}\left[(x-y)^2 + (y-z)^2 + (z-x)^2\right] \geqslant$$

$$t - \frac{1}{3}t^2 = \frac{1}{3}t(3-t) \geqslant 0$$

等号成立当且仅当 $x = y = z = 0$ 或 1，所以 $u_{\min} = 0$；

再求最大值：

令 $a = x - y, b = y - z, c = z - x$，则 $a + b + c = 0$，且 $a, b, c \in \left[-\dfrac{1}{2}, \dfrac{1}{2}\right]$，$c = -(a+b)$，

由抽屉原理，a, b, c 中必有两数同号，不妨设 $ab \geqslant 0$，由 $u = t - \dfrac{1}{3}t^2 + \dfrac{1}{6}(a^2 + b^2 + c^2)$ 及 u 关于 a, b 对称，可不妨设 $a \geqslant 0, b \geqslant 0$，即 $a, b \in \left[0, \dfrac{1}{2}\right]$，则

$$u = t - \frac{1}{3}t^2 + \frac{1}{6}\left[a^2 + b^2 + (-a-b)^2\right] =$$

$$\frac{3}{4} - \frac{1}{3}\left(t - \frac{3}{2}\right)^2 + \frac{1}{3}(a^2 + b^2 + ab) \leqslant$$

$$\frac{3}{4} + \frac{1}{4}(a+b)^2 + \frac{1}{12}(a-b)^2$$

$$\left(\text{因为 } (a+b)^2 = c^2 \leqslant \frac{1}{4}, (a-b)^2 \leqslant \left(0 - \frac{1}{2}\right)^2 = \frac{1}{4}\right) \leqslant$$

$$\frac{3}{4} + \frac{1}{4} \cdot \left(\frac{1}{2}\right)^2 + \frac{1}{12} \cdot \left(\frac{1}{2}\right)^2 =$$

$$\frac{5}{6}$$

当 $t = x + y + z = \dfrac{3}{2}, a = 0, b = \dfrac{1}{2}$，即 $x = y = \dfrac{2}{3}, z = \dfrac{1}{6}$ 时，$u = \dfrac{5}{6}$，所以 $u_{\max} = \dfrac{5}{6}$.

（此解法由万宇康提供.）

3. 叶军教授点评

（1）本题是一道较难的含绝对值的不等式最值问题，其核心还是在于如何将已知条件的绝对值去掉.

（2）万宇康同学通过换元法与整式的计算公式求解成功，值得点赞.

对于本题，下面再给出几种求最大值与最小值的方法：

① 求最小值：

解析 因为 $x, y, z \in [0, 1]$，所以

$$x + y + z \geqslant xy + yz + zx \Rightarrow u \geqslant 0$$

等号成立当且仅当 $x = y = z = 0$ 或 1，所以 $u_{\min} = 0$.

② 求最大值：

解法一：由抽屉原理可知，x, y, z 中必有两个都不大于 $\dfrac{1}{2}$，或都不小于 $\dfrac{1}{2}$，又因为 $1 - x$，$1 - y, 1 - z$ 分别代替 x, y, z 问题不变，所以可不妨设 $0 \leqslant x \leqslant y \leqslant \dfrac{1}{2}$，则 $0 \leqslant z \leqslant x + \dfrac{1}{2}$，由 $0 \leqslant x + y \leqslant 1$ 知

$$u = (1 - x - y)z + x + y - xy \leqslant$$
$$(1 - x - y)\left(x + \dfrac{1}{2}\right) + x + y - xy =$$
$$\left(\dfrac{1}{2} - 2x\right)y - x^2 + \dfrac{3}{2}x + \dfrac{1}{2}$$

1° 若 $\dfrac{1}{4} \leqslant x \leqslant \dfrac{1}{2}$，则 $\dfrac{1}{2} - 2x \leqslant 0$，所以

$$u \leqslant \left(\dfrac{1}{2} - 2x\right)x - x^2 + \dfrac{3}{2}x + \dfrac{1}{2} =$$
$$-3\left(x - \dfrac{1}{3}\right)^2 + \dfrac{5}{6} \leqslant$$
$$\dfrac{5}{6}$$

等号成立当且仅当

$$\begin{cases} z = x + \dfrac{1}{2} \\ x = y = \dfrac{1}{3} \end{cases}$$

即 $x = y = \dfrac{1}{3}, z = \dfrac{5}{6}$.

2° 若 $0 \leqslant x < \dfrac{1}{4}$，则 $\dfrac{1}{2} - 2x > 0$，所以

$$u \leqslant \frac{1}{2}\left(\frac{1}{2} - 2x\right) - x^2 + \frac{3}{2}x + \frac{1}{2} =$$

$$-\left(x - \frac{1}{4}\right)^2 + \frac{13}{16} < \frac{13}{16} <$$

$$\frac{5}{6}$$

综上可得，$u_{\max} = \frac{5}{6}$.

解法二：由对称性可不妨设 $x \geqslant y \geqslant z$，则

$$u = x + y + z - xy - yz - zx =$$

$$\frac{5}{6} - \frac{1}{3}(x - y)(y - z) - \frac{1}{3}\left[\frac{1}{4} - (z - x)^2\right] - \frac{1}{12}(2x + 2y + 2z - 3)^2 \leqslant$$

$$\frac{5}{6}$$

当 $x = y = \frac{1}{3}$，$z = \frac{5}{6}$ 时，$u = \frac{5}{6}$，所以 $u_{\max} = \frac{5}{6}$.

解法三：对于万宇康同学的解法，还有如下方法

$$u = t - \frac{1}{3}t^2 + \frac{1}{6}(a^2 + b^2 + c^2) =$$

$$\frac{1}{3}t(3 - t) + \frac{1}{12}(a - b)^2 + \frac{1}{4}c^2 \leqslant$$

$$\frac{1}{3}\left(\frac{t + 3 - t}{2}\right)^2 + \frac{1}{12} \cdot \left(\frac{1}{2}\right)^2 + \frac{1}{4} \cdot \left(\frac{1}{2}\right)^2 =$$

$$\frac{3}{4} + \frac{1}{48} + \frac{1}{16} =$$

$$\frac{5}{6}$$

当 $x = y = \frac{1}{3}$，$z = \frac{5}{6}$ 时，$u = \frac{5}{6}$，所以 $u_{\max} = \frac{5}{6}$.

梅涅劳斯定理的应用
——2017届叶班数学问题征解032解析

1. 问题征解032

如图32.1所示,在梯形 $ABCD$ 中,$AD \parallel BC$,E 在 AB 上,F 在 CD 上,FB 交 ED 于 H,$HG \parallel CD$ 交 CE 于 G,求证:$AF \parallel BG$.

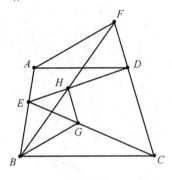

图 32.1

(叶军数学工作站编辑部提供,2017 年 12 月 23 日.)

2. 问题 032 解析

证明　如图 32.2 所示,设直线 BA,CD 相交于点 O,延长 BG 交 OC 于点 Q.

将梅涅劳斯定理应用于 $\triangle OBF$ 和直线 ED 得

$$\frac{OD}{FD} \cdot \frac{FH}{HB} \cdot \frac{BE}{EO} = 1 \qquad ①$$

将梅涅劳斯定理应用于 $\triangle OBQ$ 和直线 EC 得

$$\frac{OC}{QC} \cdot \frac{QG}{GB} \cdot \frac{BE}{EO} = 1 \qquad ②$$

由 $HG \parallel CD$ 有

$$\frac{FH}{HB} = \frac{QG}{GB} \qquad ③$$

由 ①②③ 得

$$\frac{OD}{FD} = \frac{OC}{QC}$$

由分比定理有

$$\frac{OD}{OF} = \frac{OC}{OQ}$$

从而

$$\frac{OD}{OC} = \frac{OF}{OQ} \qquad ④$$

由 $AD \parallel BC$ 有

$$\frac{OD}{OC} = \frac{OA}{OB}$$

从而由 ④ 可得

$$\frac{OF}{OQ} = \frac{OA}{OB}$$

所以

$$AF \parallel BQ$$

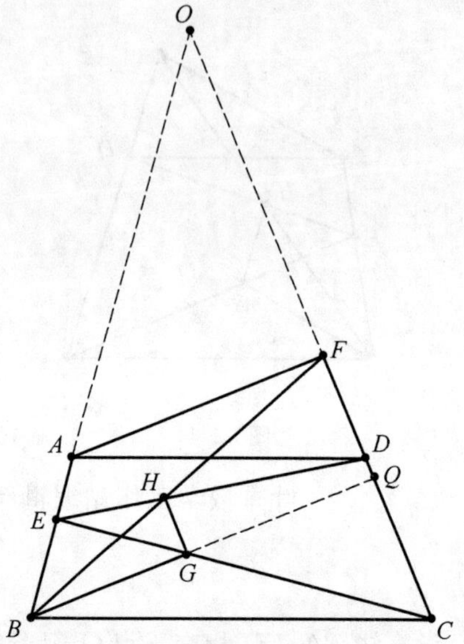

图 32.2

（此证法由万宇康提供.）

3. 叶军教授点评

(1) 梅涅劳斯定理在初中几何中算得上一个比较高级的定理,其重点难点在于找被截三角形与截线,并能够合理处理好各个线段之间的比例关系,往往能够与求线段的长度问题、相似问题、平行问题相结合,属于同学们需要重点掌握突破的一类题型.

(2) 万宇康同学通过两次运用梅涅劳斯定理与平行得到的比例关系综合起来做比较,求解成功,值得点赞.

塞瓦定理的应用
——2017 届叶班数学问题征解 033 解析

1. 问题征解 033

如图 33.1 所示,三角形 ABC 为锐角三角形,AD 为该三角形的一条高,设 P 为线段 AD 上一点,直线 BP,CP 分别交 AC,AB 于点 E,F.证明:AD 平分 $\angle EDF$.

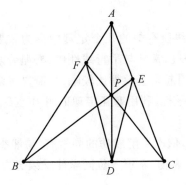

图 33.1

(叶军数学工作站编辑部提供,2017 年 12 月 30 日.)

2. 问题 033 解析

证明 如图 33.2 所示,过点 A 作 BC 的平行线,分别与 DE,DF 的延长线交于点 G,H,则

$$\frac{AF}{FB} = \frac{AH}{BD} \qquad ①$$

$$\frac{CE}{EA} = \frac{DC}{GA} \qquad ②$$

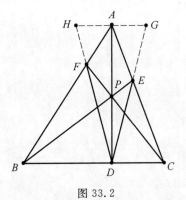

图 33.2

在 $\triangle ABC$ 中,AD,BE,CF 交于点 P,则由塞瓦定理可知

$$\frac{AF}{FB} \cdot \frac{BD}{DC} \cdot \frac{CE}{EA} = 1$$

将 ①② 与上式联立可得

$$\frac{AH}{AG} = 1 \Rightarrow AH = AG$$

又因为 $AD \perp BC$,$HG \parallel BC$,所以

$$DA \perp HG$$

所以 $\triangle DHG$ 为等腰三角形,所以 DA 平分 $\angle EDF$.

（此证法由陈美希提供.）

3. 叶军教授点评

（1）塞瓦定理是三角形与线段有关的几个定理中最为重要的定理之一,其核心在于找三角形与三条有公共交点的线段,常常与平行线性质、梅涅劳斯定理、三角形相似、面积比例关系等相结合,初学的同学运用起来会觉得比较吃力,需要多多练习.

（2）陈美希同学通过构造平行,利用塞瓦定理证明出 $\triangle DHG$ 为等腰三角形然后求解成功,值得点赞!

（3）通过上传的先后顺序,依次求解成功的同学有:易湘杰、万于康、谢睿杰.

对以上三位同学特别提出表扬,希望各位同学能继续努力.

三角形内心的性质(1)
——2017 届叶班数学问题征解 034 解析

1. 问题征解 034

如图 34.1 所示,设 I 为 $\triangle ABC$ 的内心,$BC=a$,$AC=b$,$AB=c$,$p=\dfrac{1}{2}(a+b+c)$,内切圆半径为 r,求证:$abc \cdot r = p \cdot AI \cdot BI \cdot CI$.

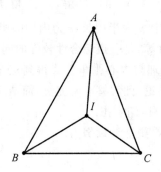

图 34.1

（叶军数学工作站编辑部提供,2018 年 1 月 6 日.）

2. 问题 034 解析

证明　因为 I 为 $\triangle ABC$ 的内心,所以在 $\triangle ABI$ 中,由正弦定理与内心张角公式可得

$$\frac{AI}{\sin \frac{1}{2}\angle B} = \frac{c}{\sin \angle AIB} = \frac{c}{\sin\left(90° + \frac{1}{2}\angle C\right)} = \frac{c}{\cos \frac{1}{2}\angle C} \qquad ①$$

同理可得

$$\frac{BI}{\sin \frac{1}{2}\angle C} = \frac{a}{\cos \frac{1}{2}\angle A} \qquad ②$$

$$\frac{CI}{\sin \frac{1}{2}\angle A} = \frac{b}{\cos \frac{1}{2}\angle B} \qquad ③$$

①×②×③ 得

$$\frac{AI \cdot BI \cdot CI}{abc} = \tan \frac{\angle A}{2} \cdot \tan \frac{\angle B}{2} \cdot \tan \frac{\angle C}{2} =$$

$$\frac{r}{p-a} \cdot \frac{r}{p-b} \cdot \frac{r}{p-c} =$$

$$\frac{pr^3}{p(p-a)(p-b)(p-c)} =$$

$$\frac{pr^3}{S^2_{\triangle ABC}}=$$

$$\frac{pr^3}{(pr)^2}=$$

$$\frac{r}{p}$$

所以 $abc \cdot r = p \cdot AI \cdot BI \cdot CI.$

（此证法由万宇康提供.）

3. 叶军教授点评

（1）本题是三角形内心的一个性质，对于初一的学生而言证明过程较难，主要考查了学生的三角函数、对三角形内心的了解、三角形的面积公式 $S = pr = \sqrt{p(p-a)(p-b)(p-c)}$（其中 p 为半周长，r 为内切圆半径）的运用、以及利用切线长代换求三角形三内角一半的正切值等，是一道综合性较强的问题.

（2）万宇康同学通过正弦定理与内心张角公式得到三个等式，然后利用三角变形与切线长代换将式子灵活变成要证结论，此解答非常完美，简洁又不失逻辑，值得点赞.

（3）同样求解成功的同学还有：谢睿杰.

也对谢睿杰同学提出表扬，希望能继续努力.

三角形内心的性质(2)
——2017 届叶班数学问题征解 035 解析

1. 问题征解 035

如图 35.1 所示,过 $\triangle ABC$ 的内心 I 任作一直线,分别交 AB,AC 于 P,Q 两点,$BC = a$,$AC = b$,$AB = c$,求证:$\dfrac{bc}{AP} + \dfrac{bc}{AQ} = a + b + c$.

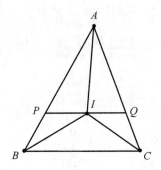

图 35.1

(叶军数学工作站编辑部提供,2018 年 1 月 13 日.)

2. 问题 035 解析

证明 如图 35.2 所示,延长 AI 交 BC 于点 D,联结 PD,DQ,则由共角比例定理有

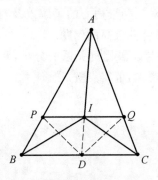

图 35.2

$$\frac{AD}{AI} = \frac{AI + ID}{AI} = \frac{S_{\triangle APQ} + S_{\triangle PDQ}}{S_{\triangle APQ}} =$$

$$\frac{S_{\triangle APD} + S_{\triangle ADQ}}{\dfrac{AP}{AB} \cdot \dfrac{AQ}{AC} \cdot S_{\triangle ABC}} =$$

$$\frac{\dfrac{AP}{AB} \cdot S_{\triangle ABD} + \dfrac{AQ}{AC} \cdot S_{\triangle ACD}}{\dfrac{AP}{AB} \cdot \dfrac{AQ}{AC} \cdot S_{\triangle ABC}} =$$

$$\frac{AC}{AQ} \cdot \frac{BD}{BC} + \frac{AB}{AP} \cdot \frac{CD}{BC} =$$

$$\frac{b}{AQ} \cdot \frac{BD}{a} + \frac{c}{AP} \cdot \frac{CD}{a} \qquad ①$$

又因为 I 为内心,所以 AD 为 $\angle BAC$ 的角平分线,BI 为 $\angle ABD$ 的角平分线,CI 为 $\angle ACD$ 的角平分线,所以由角平分线定理、合比定理得

$$\frac{BD}{CD} = \frac{c}{b} \Rightarrow \frac{BD}{BD + CD} = \frac{c}{c + b} \Rightarrow \frac{BD}{a} = \frac{c}{b + c}$$

$$\frac{BD}{CD} = \frac{c}{b} \Rightarrow \frac{BD + CD}{CD} = \frac{c + b}{b} \Rightarrow \frac{a}{CD} = \frac{c + b}{b} \Rightarrow \frac{CD}{a} = \frac{b}{b + c}$$

$$\frac{ID}{AI} = \frac{BD}{c} = \frac{CD}{b} \Rightarrow \frac{ID}{AI} = \frac{BD + CD}{c + b} = \frac{a}{b + c} \Rightarrow \frac{ID + AI}{AI} = \frac{AD}{AI} = \frac{a + b + c}{b + c}$$

代入式 ① 可得

$$\frac{a + b + c}{b + c} = \frac{b}{AQ} \cdot \frac{c}{b + c} + \frac{c}{AP} \cdot \frac{b}{b + c}$$

$$\Rightarrow a + b + c = \frac{bc}{AQ} + \frac{bc}{AP}$$

所以 $\dfrac{bc}{AP} + \dfrac{bc}{AQ} = a + b + c$(证毕).

(此证法由万宇康提供.)

3. 叶军教授点评

(1) 本题是三角形内心的另一个性质,对于初一的学生而言证明过程较难,主要考查了学生对于共角比例定理的应用,对三角形内心的了解以及对角平分线定理与合比定理的应用,比例式的变形较多,是一道综合性较高的问题.

(2) 万宇康同学通过对面积与线段比例关系的分析,利用角平分线定理与合比定理求证成功,且解答过程简洁又不失逻辑,值得点赞.

三角形的内心与外心(1)
——2017 届叶班数学问题征解 036 解析

1. 问题征解 036

如图 36.1 所示,在 $\triangle ABC$ 中,$\angle C = 30°$,点 O 和点 I 分别是外心和内心,在边 AC 和 BC 上分别有点 D 和点 E,使得 $AD = BE = AB$. 求证:$OI \perp DE$,且 $OI = DE$.

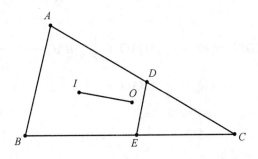

图 36.1

(叶军数学工作站编辑部提供,2018 年 1 月 20 日.)

2. 问题 036 解析

证明　如图 36.2 所示,联结 AI,BI,AO,BO,DI,EI,延长 DO 交 IE 于点 F,联结 CF.

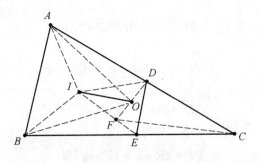

图 36.2

先证 $OI \perp DE$,因为

$$\angle DFE = \angle DFC + \angle EFC =$$
$$\angle ADF - \angle ACF + \angle BEI - \angle ECF =$$
$$\angle ADF + \angle BEI - 30°$$

因为 I 为内心,所以

$$\angle BAI = \angle DAI$$

又因为 O 为外心,所以由外心张角定理可得

$$\angle AOB = 2\angle C = 60°$$

因为

$$AO = BO$$

所以 △ABO 为等边三角形,所以

$$AO = AB = AD$$

所以

$$\angle ADF = 90° - \frac{1}{2}\angle DAO$$

又易证 △BIA ≌ △BIE,所以

$$\angle BEI = \angle BAI = \frac{1}{2}\angle BAC$$

所以

$$\angle DFE = 90° - \frac{1}{2}\angle DAO + \frac{1}{2}\angle BAC - 30° =$$
$$60° + \frac{1}{2}\angle BAO =$$
$$60° + 30° =$$
$$90°$$

所以

$$DF \perp IE$$

同理可得 $EO \perp ID$,所以 O 为 △IDE 的垂心,所以 $OI \perp DE$;

再证 $OI = DE$,由内心张角定理可得

$$\angle AIB = 90° + \frac{1}{2}\angle C = 90° + \frac{1}{2} \times 30° = 105°$$

因为

$$\triangle AID \cong \triangle AIB \cong \triangle EIB$$

所以

$$\angle AIB = \angle AID = \angle BIE = 105°$$

所以

$$\angle EID = 360° - 3 \times 105° = 45°$$

所以由正弦定理与垂外心定理角元形式可得

$$DI = 2R \cdot \sin 45° = \sqrt{2}R$$
$$IO = 2R \cdot \cos 45° = \sqrt{2}R$$

其中 R 为 △DIE 的外心,所以 $OI = DE$(证毕).

(此证法由陈美希提供.)

3. 叶军教授点评

(1) 本题是一道与三角形内心、外心相关的问题,需要灵活掌握三角形内、外心的性质才有可能求解成功.

（2）陈美希同学通过对内外心张角定理的运用，利用全等、角度的换算证出 O 为 $\triangle IDE$ 的垂心，并通过正弦定理、垂外心定理证出 $OI = DE$，其解答过程中对公式、定理的应用到位，且解答过程清晰易懂，值得点赞.

三角形中的垂线问题
——2017 届叶班数学问题征解 037 解析

1. 问题征解 037

如图 37.1 所示,在 $\triangle ABC$ 中,$AB = AC$,$AD \perp BC$ 于点 D,$DF \perp AB$ 于 F,$AE \perp CF$ 于点 E,且交 DF 于点 M,求证:M 为 DF 的中点.

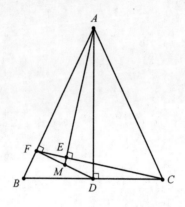

图 37.1

（叶军数学工作站编辑部提供,2018 年 1 月 27 日.）

2. 问题 037 解析

证明　如图 37.2 所示,取 BF 中点 P,联结 PM 交 AD 于点 R,联结 PD,延长 AE 交 PD 于点 Q.

因为 $\triangle ABC$ 为等腰三角形,$AD \perp BC$,所以 D 为 BC 中点.

因为 P 为 BF 的中点,所以 PD 为 $\triangle BFC$ 的中位线,所以

$$PD \parallel CF$$

又因为

$$AE \perp FC$$

所以

$$AQ \perp PD$$

因为 $DF \perp AB$,AQ,DF 交于点 M,所以 M 为 $\triangle APD$ 的垂心,所以

$$PR \perp AD$$

因为

$$BD \perp AD$$

所以

$$PR \parallel BD \Rightarrow PM \parallel BD$$

所以

$$\frac{FM}{MD} = \frac{FP}{PB} = 1 \Rightarrow FM = MD$$

所以 M 为 FD 中点.

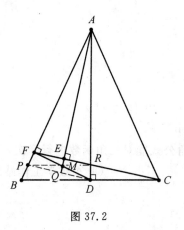

图 37.2

（此证法由万宇康提供.）

3. 叶军教授点评

（1）与三角形中的垂线有关的问题有垂心问题，等腰、等边三角形中的三线合一问题等，本题是一道求证 M 点为中点的问题，其辅助线的作法用到了三角形中位线的性质与三角形的垂心.

（2）万宇康同学巧妙运用了三角形中位线与垂心的性质，求证成功，值得点赞.

三角函数中的计算问题
——2017 届叶班数学问题征解 038 解析

1. 问题征解 038

计算下列问题：

(1) $\sin^2\alpha + \sin^2(\alpha + 60°) + \sin^2(\alpha - 60°)$；

(2) $\sin^4 10° + \sin^4 50° + \sin^4 70°$.

(提示：通过余弦的 2 倍角公式能对三角函数进行降次)

（叶军数学工作站编辑部提供，2018 年 3 月 1 日）

2. 问题 038 解析

解析 （1）

$$原式 = \frac{1 - \cos 2\alpha}{2} + \frac{1 - \cos 2(\alpha + 60°)}{2} + \frac{1 - \cos 2(\alpha - 60°)}{2} =$$

$$\frac{3}{2} - \frac{1}{2}(\cos 2\alpha + 2\cos 2\alpha \cos 120°) =$$

$$\frac{3}{2}$$

（2）

$$原式 = \left(\frac{1 - \cos 20°}{2}\right)^2 + \left(\frac{1 - \cos 100°}{2}\right)^2 + \left(\frac{1 - \cos 140°}{2}\right)^2 =$$

$$\frac{3}{4} - \frac{1}{2}(\cos 20° + \cos 100° + \cos 140°) +$$

$$\frac{1}{4}(\cos^2 20° + \cos^2 100° + \cos^2 140°) =$$

$$\frac{3}{4} - \frac{1}{2}(2\cos 60°\cos 40° - \cos 40°) +$$

$$\frac{1}{4}\left(\frac{1 + \cos 40°}{2} + \frac{1 - \cos 20°}{2} + \frac{1 - \cos 100°}{2}\right) =$$

$$\frac{3}{4} - 0 + \frac{3}{8} + \frac{1}{8}(\cos 40° - \cos 20° + \sin 10°) =$$

$$\frac{3}{4} + \frac{3}{8} + \frac{1}{8}(-2\sin 10°\sin 30° + \sin 10°) =$$

$$\frac{3}{4} + \frac{3}{8} =$$

$$\frac{9}{8}$$

（此解法由莫一提供.）

3. 叶军教授点评

（1）对于三角函数，其中的公式、定理是非常多的，像近期奥数课上所学过的特殊角的三角函数值、2 倍角公式、3 倍角公式，正弦、余弦、正切、余切的角度加法减法公式，积化和差、和积化差公式以及在几何中的正余弦定理，中线长公式，斯特瓦尔特定理等，都是要求大家在熟记的同时能够灵活运用，而与三角函数有关的计算问题，题目难度其实并不是太高，对于初一的同学，难就难在不够熟练，希望同学们能够多多加以练习，在三角函数的计算问题上有大的突破.

（2）莫一同学灵活运用 2 倍角公式的变形以及和积化差公式求解成功，在处理三角函数角度的转化时用到了"降次""减少角度大小"等方法，对三角函数公式的掌握非常到位，这对于一个初一的学生而言是难能可贵的，值得点赞.

（3）万宇康同学同样求解成功，值得表扬.

塞瓦定理角元形式的运用
——2017 届叶班数学问题征解 039 解析

1. 问题征解 039

如图 39.1 所示,在 $\triangle ABC$ 中,$\angle BAC = 80°$,$AB = AC$,P 为 $\triangle ABC$ 内一点,且满足 $\angle PBC = 20°$,$\angle PCB = 40°$,过点 P 作 BC 的平行线,在该平行线上取一点 D(D 在 $\triangle ABC$ 内部),使得 $BD = CP$,联结 AD,求证:$\triangle ADP$ 为等边三角形.

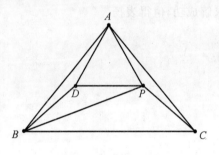

图 39.1

(叶军数学工作站编辑部提供,2018 年 3 月 3 日.)

2. 问题 039 解析

证明 因为 $AB = AC$,$\angle BAC = 80°$,所以

$$\angle ABC = \angle ACB = 50°$$

所以

$$\angle ABP = \angle ABC - \angle PBC = 30°$$

又因为 $PD \parallel BC$,$BD = CP$,$\triangle ABC$ 为等腰三角形,所以四边形 $BDPC$ 为等腰梯形,所以

$$\angle DBC = \angle PCB = 40°$$

所以

$$\angle ACP = \angle ACB - \angle PCB = 10°$$
$$\angle ABD = \angle ABC - \angle DBC = 10°$$

所以

$$\triangle ABD \cong \triangle ACP$$

所以

$$AD = AP,\ \angle PAC = \angle BAD$$

令 $\angle PAC = \alpha$,则 $\angle BAP = 80° - \alpha$,对点 P 用角元塞瓦定理有

$$\sin 40° \sin 30° \sin \alpha = \sin 20° \sin 10° \sin(80° - \alpha)$$
$$\Leftrightarrow \sin 20° \cos 20° \sin \alpha = \sin 20° \sin 10° \sin(80° - \alpha)$$

$$\Leftrightarrow \cos 20°\sin \alpha = \sin 10°\sin (80° - \alpha)$$

$$\Leftrightarrow \frac{1}{2}[\sin (20° + \alpha) - \sin (20° - \alpha)] = -\frac{1}{2}[\cos (90° - \alpha) - \cos (70° - \alpha)]$$

$$\Leftrightarrow \sin (20° + \alpha) - \sin (20° - \alpha) = \sin (20° + \alpha) - \sin \alpha$$

$$\Leftrightarrow \sin (20° - \alpha) = \sin \alpha$$

因为

$$20° - \alpha \in (-20°, 20°), \alpha \in (0°, 40°)$$

所以

$$20° - \alpha = \alpha$$

所以

$$\alpha = 10°$$

即 $\angle PAC = 10°$，所以 $\angle DAB = \angle PAC = 10°$，所以

$$\angle DAP = 80° - 10° - 10° = 60°$$

所以 $\triangle DAP$ 为等边三角形(证毕).

(此证法由万宇康提供.)

3. 叶军教授点评

(1) 本题是"格点问题"，对于有些"格点问题"，用几何方法解是比较复杂的，所以很多个"格点问题"的几何解法都是一个非常好的问题，而对于学了三角函数的初中学生，利用"塞瓦定理角元形式"来解"格点问题"，不仅不需要作辅助线，而且解题目标简单、明确，但用该方法解题，对学生的三角函数计算能力要求较高.

(2) 万宇康同学利用"塞瓦定理角元形式"将问题转化为求一个三角方程题，并利用三角转化与积化和差公式求解成功，值得点赞.

与平行相关的比例问题
——2017 届叶班数学问题征解 040 解析

1. 问题征解 040

如图 40.1 所示,AD 与 BC 交于点 O,$OE \parallel CD$,$OF \parallel AB$,求证:$\dfrac{AB}{BE} = \dfrac{CD}{DF}$.

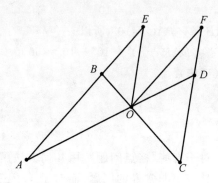

图 40.1

（叶军数学工作站编辑部提供,2018 年 3 月 10 日.）

2. 问题 040 解析

证明　因为 $OE \parallel CD$,$AB \parallel FO$,所以
$$\angle EOB = \angle FCO, \angle EBO = \angle FOC$$
所以
$$\triangle EBO \backsim \triangle FOC$$
所以
$$\frac{EO}{EB} = \frac{FC}{FO} = \frac{FD + CD}{FO}$$
所以
$$EO \cdot FO = EB \cdot FD + EB \cdot CD \qquad \text{①}$$
同理可得 $\triangle EAO \backsim \triangle FOD$,所以
$$\frac{EO}{FD} = \frac{EA}{FO} = \frac{EB + AB}{FO}$$
所以
$$EO \cdot FO = EB \cdot FD + AB \cdot FD \qquad \text{②}$$
由 ①② 可得
$$EB \cdot CD = AB \cdot FD$$

所以 $\dfrac{AB}{BE} = \dfrac{CD}{DF}$ （证毕）.

（此证法由万宇康提供.）

3. 叶军教授点评

（1）本题曾出现在 2016 届叶班数学问题征解 063 中，是一道与平行、三角形相似有关的题，2016 届叶班有 4 位同学给出了不同的解答，现如今，2017 届叶班的万宇康同学给出了一种更简单、更一般的方法.

（2）万宇康同学利用了一个结论："若一个角的两边分别平行于另一个角的两边，那么这两个角相等或互补."本题通过两组线段平行，得到角相等，从而得到两组三角形相似，通过对应边成比例得到比例式，运用两个比例式的变形式做对比求解成功，值得点赞.

巧用塞瓦定理解角度问题
——2017 届叶班数学问题征解 041 解析

1. 问题征解 041

如图 41.1 所示,在 △ABC 中,AD ⊥ BC 于点 D,E 是 AC 上的动点,BE 交 AD 于点 H,CH 交 AB 于点 F,联结 FD,ED,求证:∠ADF = ∠ADE.

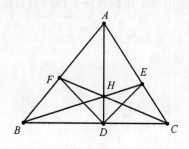

图 41.1

(叶军数学工作站编辑部提供,2018 年 3 月 24 日.)

2. 问题 041 解析

证明 如图 41.2 所示,过点 A 作 PQ // BC,延长 DF,DE 交 PQ 于 P,Q,在 △ABC 中,由塞瓦定理有

$$\frac{AF}{FB} \cdot \frac{BD}{DC} \cdot \frac{CE}{EA} = 1$$

因为

$$PQ \; // \; BC$$

所以

$$\angle PAB = \angle ABD, \angle APD = \angle PDB$$
$$\angle QAC = \angle ACD, \angle AQD = \angle QDC$$

所以

$$\triangle PAF \backsim \triangle DBF, \triangle AEQ \backsim \triangle CED$$

所以

$$\frac{AP}{BD} = \frac{AF}{BF}, \frac{AQ}{CD} = \frac{AE}{CE}$$

又因为 PQ // BC,AD ⊥ BC,所以

$$AD \perp PQ$$

所以

$$\angle ADF = \angle ADE$$

$$\Leftrightarrow \triangle ADP \cong \triangle ADQ$$

$$\Leftrightarrow AP = AQ$$

$$\Leftrightarrow \frac{AF}{BF} \cdot BD = \frac{AE}{CE} \cdot CD$$

$$\Leftrightarrow \frac{AF}{BF} \cdot \frac{BD}{CD} \cdot \frac{CE}{AE} = 1$$

所以 $\angle ADF = \angle ADE$.（证毕）

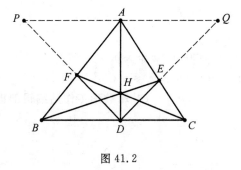

图 41.2

（此证法由万宇康提供.）

3. 叶军教授点评

（1）本题是一道证明角度相等的动点问题，主要考查学生对于"变与不变"的理解，是一道非常经典的几何例题.

（2）万宇康同学运用塞瓦定理，巧妙地构造出一个等腰三角形，在对条件的处理上运用得非常到位，最后通过等价证出结论成立，这是一个非常好的求证过程，值得点赞！

三角计算问题
——2017 届叶班数学问题征解 042 解析

1. 问题征解 042

利用相关三角公式证明:

$$\sin 5x = 16\sin^5 x - 20\sin^3 x + 5\sin x =$$
$$16\sin x\sin(36° - x)\sin(36° + x)\sin(72° - x)\sin(72° + x)$$

(叶军数学工作站编辑部提供,2018 年 3 月 26 日.)

2. 问题 042 解析

证明

$$\sin 5x = \sin(2x + 3x) =$$
$$\sin 2x\cos 3x + \cos 2x\sin 3x =$$
$$2\sin x\cos x(4\cos^3 x - 3\cos x) + (1 - 2\sin^2 x)(3\sin x - 4\sin^3 x) =$$
$$8\sin x\cos^4 x - 6\sin x\cos^2 x + 3\sin x - 4\sin^3 x - 6\sin^3 x + 8\sin^5 x =$$
$$8\sin x(1 - \sin^2 x)^2 - 6\sin x(1 - \sin^2 x) +$$
$$3\sin x - 4\sin^3 x - 6\sin^3 x + 8\sin^5 x =$$
$$8\sin x - 16\sin^3 x + 8\sin^5 x - 6\sin x + 6\sin^3 x +$$
$$3\sin x - 4\sin^3 x - 6\sin^3 x + 8\sin^5 x =$$
$$16\sin^5 x - 20\sin^3 x + 5\sin x$$

另一方面

$$\sin 5x = 16\sin x\left(\sin^4 x - \frac{5}{4}\sin^2 x + \frac{5}{16}\right) =$$

$$16\sin x\left(\sin^2 x - \frac{5 + \sqrt{5}}{8}\right)\left(\sin^2 x - \frac{5 - \sqrt{5}}{8}\right) =$$

$$16\sin x\left[\sin^2 x - \left[\frac{\sqrt{10 + 2\sqrt{5}}}{4}\right]^2\right]\left[\sin^2 x - \left[\frac{\sqrt{10 - 2\sqrt{5}}}{4}\right]^2\right] =$$

$$16\sin x(\sin^2 x - \sin^2 72°)(\sin^2 x - \sin^2 36°) =$$

$$16\sin x(\sin x + \sin 72°)(\sin x - \sin 72°)(\sin x + \sin 36°)(\sin x - \sin 36°) =$$

$$16\sin x \cdot 2\cos\left(\frac{72° - x}{2}\right)\sin\left(\frac{72° + x}{2}\right) \cdot 2\sin\left(\frac{x - 72°}{2}\right)\cos\left(\frac{x + 72°}{2}\right) \cdot$$

$$2\cos\left(\frac{x - 36°}{2}\right)\sin\left(\frac{x + 36°}{2}\right) \cdot 2\cos\left(\frac{x + 36°}{2}\right)\sin\left(\frac{x - 36°}{2}\right) =$$

$$16\sin x\sin(72° - x)\sin(72° + x)\sin(36° - x)\sin(36° + x)\ (证毕)$$

(此证法由万宇康提供.)

3. 叶军教授点评

（1）本题是一道三角计算问题，主要考查学生对三角函数公式的应用与变通.

（2）万宇康同学运用正弦加法定理将要证式子展开，利用 2 倍角公式、3 倍角公式、正余弦转换公式、和积化差公式将式子变形成功，值得点赞！其中，值得指出的是，同学们应该记住一些特殊角的三角函数值，如 $\sin 18° = \dfrac{\sqrt{5}-1}{4}$，$\sin 36° = \dfrac{\sqrt{10-2\sqrt{5}}}{4}$ 等.

三角方程问题
——2017 届叶班数学问题征解 043 解析

1. 问题征解 043

已知:$\tan 2\alpha = \tan(2\alpha+10°)\tan(2\alpha+20°)\tan(2\alpha+30°)$,$\alpha$ 为锐角,求 α.

(叶军数学工作站编辑部提供,2018 年 4 月 7 日.)

2. 问题 043 解析

解析

$$\text{原式} \Leftrightarrow \frac{\tan 2\alpha}{\tan(2\alpha+30°)} = \tan(2\alpha+10°)\tan(2\alpha+20°)$$

$$\Leftrightarrow \frac{\sin 2\alpha \cdot \cos(2\alpha+30°)}{\cos 2\alpha \cdot \sin(2\alpha+30°)} = \frac{\sin(2\alpha+10°) \cdot \sin(2\alpha+20°)}{\cos(2\alpha+10°) \cdot \cos(2\alpha+20°)}$$

$$\Leftrightarrow \frac{\frac{1}{2}\left[\sin(4\alpha+30°)-\sin 30°\right]}{\frac{1}{2}\left[\sin(4\alpha+30°)+\sin 30°\right]} = \frac{-\frac{1}{2}\left[\cos(4\alpha+30°)-\cos 10°\right]}{\frac{1}{2}\left[\cos(4\alpha+30°)+\cos 10°\right]}$$

$$\Leftrightarrow \frac{\sin(4\alpha+30°)-\sin 30°}{\sin(4\alpha+30°)+\sin 30°} = \frac{\cos 10°-\cos(4\alpha+30°)}{\cos(4\alpha+30°)+\cos 10°}$$

$$\Leftrightarrow \left[\sin(4\alpha+30°)-\sin 30°\right]\left[\cos(4\alpha+30°)+\cos 10°\right]=$$
$$\left[\sin(4\alpha+30°)+\sin 30°\right]\left[\cos 10°-\cos(4\alpha+30°)\right]$$

$$\Leftrightarrow \sin(4\alpha+30°)\cos(4\alpha+30°)-\frac{1}{2}\cos 10°=$$

$$-\sin(4\alpha+30°)\cos(4\alpha+30°)+\frac{1}{2}\cos 10°$$

$$\Leftrightarrow \sin(8\alpha+60°)=\sin 80°$$

因为 $0° < \alpha < 90°$,所以

$$60° < 8\alpha+60° < 780°$$

所以

$$8\alpha+60°=80°,100°,440°,460°$$

解得

$$\alpha=2.5°,5°,47.5°,50°$$

(此解法由万宇康提供.)

3. 叶军教授点评

(1)本题是一道三角方程问题,主要考查学生对三角函数公式的应用与变通以及对三角函数周期性的认知.

（2）万宇康同学通过积化和差公式将正切变成正弦，对所化的一个复杂的式子进行勇敢的变形展开最后得到一个简单的三角方程，通过三角函数的周期性求解方程成功，值得点赞！

利用正弦定理构造三角方程问题
——2017 届叶班数学问题征解 044 解析

1. 问题征解 044

如图 44.1 所示, $\triangle ABC$ 为直角三角形, $\angle ABC = 90°$, $\angle BCD = x$, $\angle DCA = \angle DAE = 2x$, $DE = EC$, 求 x 的大小.

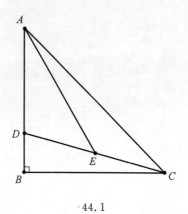

44.1

（叶军数学工作站编辑部提供, 2018 年 4 月 14 日.）

2. 问题 044 解析

解析 因为 $DE = EC$, 且 $\angle ADE = \angle B + \angle DCB = 90° + x$, $\angle EAC = 180° - \angle ACE - \angle ADE - \angle DAE = 90° - 5x$, 所以由正弦定理可得

$$\frac{\sin 2x}{\sin (90° + x)} = \frac{DE}{AE} = \frac{EC}{AE} = \frac{\sin (90° - 5x)}{\sin 2x}$$

所以

$$\sin^2 2x = \sin (90° - 5x) \sin (90° + x) =$$
$$\cos 5x \cdot \cos x =$$
$$\frac{1}{2} \cos 6x + \frac{1}{2} \cos 4x =$$
$$\frac{1}{2}(1 - 2\sin^2 3x) + \frac{1}{2}(1 - 2\sin^2 2x) =$$
$$1 - \sin^2 3x - \sin^2 2x =$$
$$1 - (3\sin x - 4\sin^3 x)^2 - (2\sin x \cos x)^2 =$$
$$-16\sin^6 x + 28\sin^4 x - 13\sin^2 x + 1$$

又因为

$$\sin^2 2x = (2\sin x \cos x)^2 =$$

$$4\sin^2 x(1-\sin^2 x) =$$
$$4\sin^2 x - 4\sin^4 x$$

所以

$$16\sin^6 x - 32\sin^4 x + 17\sin^2 x - 1 = 0$$

令 $\sin^2 x = a$，则上式可化为

$$16a^3 - 32a^2 + 17a - 1 = 0 \Leftrightarrow (a-1)(16a^2 - 16a + 1) = 0$$

所以

$$a_1 = 1, a_{2,3} = \frac{2 \pm \sqrt{3}}{4}$$

所以

$$\sin x = \pm 1, \pm \frac{\sqrt{6} - \sqrt{2}}{4}, \pm \frac{\sqrt{6} + \sqrt{2}}{4}$$

又因为

$$0° < 3x < 90°$$

所以

$$0° < x < 30°$$

所以

$$0 < \sin x < \frac{1}{2}$$

所以

$$\sin x = \frac{\sqrt{6} - \sqrt{2}}{4} \Rightarrow x = 15°.$$

（此解法由万宇康提供.）

3. 叶军教授点评

(1) 本题是一道与正弦定理有关的三角方程问题,主要考查学生对三角函数公式的应用与变通以及对三角函数单调性的认知.

(2) 万宇康同学对图形的分析,利用正弦定理构造三角方程,并利用所学公式,将三角方程化简并求解成功,值得点赞.

整除性在方程组中的运用
——2017 届叶班数学问题征解 045 解析

1. 问题征解 045

对于正整数 A,存在互异的质数 p,q,r,s 使得等式 $A=4pqrs+28pqr=2pqrs+66prs=pqrs+119qrs=6pqrs+6pqs$ 成立,求 A 的值.

(叶军数学工作站编辑部提供,2018 年 4 月 21 日.)

2. 问题 045 解析

解析　由题意有
$$A=4pqr(s+7)=2prs(q+33)=qrs(p+119)=6pqs(r+1)$$
因为
$$r\,|\,4pqr(s+7)$$
所以
$$r\,|\,6pqs(r+1)$$
又因为 p,q,r,s 均为质数,且互不相等,所以 p,q,r,s 互质,因为
$$(r,r+1)=(r,1)=1$$
所以
$$r\,|\,6$$
所以
$$r=2 \text{ 或 } 3$$
若 $r=2$,则
$$A=8pq(s+7)=4ps(q+33)=2qs(p+119)=18pqs$$
因为
$$8pq(s+7)=18pqs$$
所以
$$4(s+7)=9s$$
所以
$$s=\frac{28}{5}$$
这与 s 为质数矛盾;
若 $r=3$,则
$$A=12pq(s+7)=6ps(q+33)=3qs(p+119)=24pqs$$
所以

$$\begin{cases} 24pqs = 12pq(s+7) & \textcircled{1} \\ 24pqs = 6ps(q+33) & \textcircled{2} \\ 24pqs = 3qs(p+119) & \textcircled{3} \end{cases}$$

由 ① 可得

$$2s = s + 7$$

所以

$$s = 7$$

由 ② 可得

$$4q = q + 33$$

所以

$$q = 11$$

由 ③ 可得

$$8p = p + 119$$

所以

$$p = 17$$

所以

$$(p,q,r,s) = (17,11,3,7)$$

满足条件.

所以

$$A = 6pqrs + 6pqs =$$
$$6pqs(r+1) =$$
$$6 \times 17 \times 11 \times 7 \times 4 =$$
$$31\ 416$$

（此解法由万宇康提供.）

3. 叶军教授点评

（1）本题是一道与整除性相关的方程组问题,利用了部分整除与质数的性质.

（2）万宇康同学选择到了正确的方程,对方程中字母的整除性进行了分析并成功求出一个字母的可能值,对所有可能值进行讨论后求解成功,值得点赞.

巧用托勒密定理计算线段长度
——2017 届叶班数学问题征解 046 解析

1. 问题征解 046

如图 46.1 所示,△ABC 为等边三角形,且边长为 5,以 AB 为底边向下作顶角为 120° 的等腰三角形,E 为 AB 上一点,使得 AE =1,M 为 BC 上一点,使得 ∠NDM =60°,且 N,E,D 三点共线.

(1) 求证:NM = NA + MB;

(2) 求 BM 的长度.

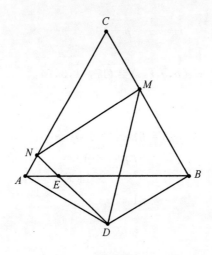

图 46.1

（叶军数学工作站编辑部提供,2018 年 4 月 28 日.）

2. 问题 046 解析

证明 (1) 如图 46.2 所示,延长 MB 至点 F,使得 BF =AN,联结 DF,因为

$$BF =AN,\angle DBF =180° -\angle MBD =90° =\angle NAD,DB =DA$$

所以

$$\triangle DAN \cong \triangle DBF \quad (SAS)$$

所以

$$DF =DN$$
$$\angle MDF =\angle MDB +\angle BDF =$$
$$\angle MDB +\angle NDA =$$
$$120° -60° =$$
$$\angle NDM$$

又因为
$$MD = MD$$
所以
$$\triangle MND \cong \triangle MFD \quad (SAS)$$
所以
$$MN = MB + BF = MB + AN = NA + MB$$

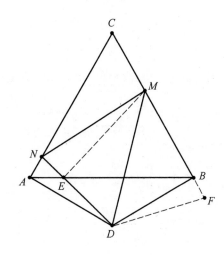

图 46.2

（2）联结 ME，因为
$$\angle MDE = \angle MBE = 60°$$
所以 E, D, B, M 四点共圆，所以
$$\angle MBD = \angle MED = 90°$$
因为
$$BD = \frac{AB}{2\cos 30°} = \frac{5\sqrt{3}}{3}$$

$$ME = MD \cdot \sin 60° = \frac{\sqrt{3}}{2}MD$$

$$DE = MD \cdot \cos 60° = \frac{1}{2}MD$$

所以由托勒密定理可得
$$ME \cdot DB + MB \cdot ED = MD \cdot EB$$
$$\Leftrightarrow \frac{\sqrt{3}}{2}MD \cdot \frac{5\sqrt{3}}{3} + MB \cdot \frac{1}{2}MD = MD(5-1)$$

解得 $BM = 3$.

（此证法由莫一提供.）

3. 叶军教授点评

（1）本题第一问是一道常规问题，重点在于学生是否掌握"截长补短"的思想以做出正

确的辅助线,第二问纯算难度较大,但利用托勒密定理能大大降低该问难度.

(2)莫一同学第一问通过延长 MB,截取 $BF = AN$,从而得到两组三角形全等,求证成功,值得点赞;第二问,直接通过证明四点共圆,利用托勒密定理成功构造出与 BM 相关的方程,以此成功计算出 BM,值得点赞.

三点共线问题
——2017 届叶班数学问题征解 047 解析

1. 问题征解 047

如图 47.1 所示，$\triangle ABC$ 中，$AB > AC$，I 为内心，E 为 CA 延长线上一点，使得 $CE = BA$，F 在 BA 上，使得 $BF = CA$，H 为 $\triangle IBC$ 的垂心，求证：E，H，F 三点共线.

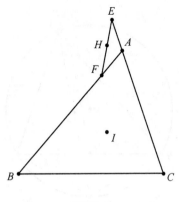

图 47.1

（叶军数学工作站编辑部提供，2018 年 4 月 28 日.）

2. 问题 047 解析

本题难度较大，班上同学无人解出，现给出广西钦州卢老师的一种证明方法.

证明　如图 47.2 所示，设直线 AI 与 $\triangle ABC$ 外接圆交于点 D，联结 DB，DC，作圆的直径 DT，DT 与 BC 交于点 M，T 在 CE，BA 上的射影为 P，Q，延长 EF 交 TD 于点 N，由内心的性质可得

$$DI = DB = DC$$

即 D 为 $\triangle ABC$ 的外心，所以 TD 为 BC 的中垂线，即 M 为 BC 中点.

由塞瓦定理知：P，Q，M 三点共线.

由阿基米德折弦定理知

$$2AP = 2AQ = AB - AC$$

所以

$$\angle APQ = \frac{1}{2}\angle BAC = \angle CAI$$

所以

$$PQ \parallel AI$$

因为

$$AE = AF = AB - AC$$

所以 P,Q 分别为 AE,AF 中点,且 $PQ /\!/ EF$,所以

$$EN /\!/ PM /\!/ AD$$

所以 M 为 DN 中点,即

$$DN = 2DM$$

由垂心的性质知

$$IH = 2DM = DN$$

所以四边形 $DNHI$ 为平行四边形,所以 $NH /\!/ DI /\!/ NE$,所以 N,H,E 三点共线,即 E,H,F 三点共线.

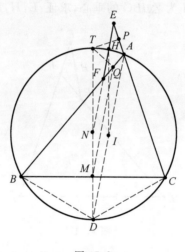

图 47.2

（此证法由卢圣提供.）

3. 叶军教授点评

本题难度较大,从卢老师的整个解题过程来看:

(1)卢老师在解题过程中应用到"阿基米德折弦定理"(一个圆中一条由两长度不同的弦组成的折弦所对的两段弧的中点在较长弦上的射影,就是折弦的中点.)即如图 47.3 所示,AB,BC 是圆 O 的两条弦(即 ABC 是圆的一条折弦),$BC > AB$,M 是弧 ABC 的中点,过

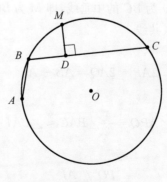

图 47.3

M 点作 $MD \perp BC$ 于 D,则 D 是折弦 ABC 的中点,即 $CD = AB + BD$.

（2）运用内心、垂心的性质,利用证明"平行"来证明三点共线,角度巧妙,值得点赞.

整除性问题
——2017 届叶班数学问题征解 048 解析

1. 问题征解 048

已知 a,b,c 为三个两两互素的正整数且 $a^2\mid b^3+c^3$，$b^2\mid a^3+c^3$，$c^2\mid a^3+b^3$，求所有满足条件的 (a,b,c).

（叶军数学工作站编辑部提供，2018 年 5 月 12 日.）

2. 问题 048 解析

解析　因为

$$a^2\mid b^3+c^3,a^2\mid a^3$$

所以

$$a^2\mid a^3+b^3+c^3$$

同理可得

$$b^2\mid a^3+b^3+c^3,c^2\mid a^3+b^3+c^3$$

又因为

$$(a,b)=1$$

所以

$$(a^2,b^2)=1$$

同理可得

$$(b^2,c^2)=1,(c^2,a^2)=1$$

所以

$$a^2b^2c^2\mid a^3+b^3+c^3$$

不妨设 $a\leqslant b\leqslant c$，则

$$a^2b^2c^2\leqslant a^3+b^3+c^3\leqslant 3c^3\Rightarrow a^2b^2\leqslant 3c\Rightarrow a^4b^4\leqslant 9c^2$$

又因为

$$c^2\mid a^3+b^3\Rightarrow c^2\leqslant a^3+b^3\Rightarrow 9c^2\leqslant 9a^3+9b^3$$

所以

$$a^3b^3\leqslant a^4b^4\leqslant 9c^2\leqslant 9a^3+9b^3\Rightarrow a^3b^3-9a^3-9b^3\leqslant 0$$

所以

$$(a^3-9)(b^3-9)\leqslant 81$$

若 $a^3-9\geqslant 0$，则因为 $a\leqslant b$，所以

$$a^3-9\leqslant b^3-9$$

所以

$$(a^3-9)^2\leqslant(a^3-9)(b^3-9)\leqslant 81$$

所以

$$0 \leqslant a^3 - 9 \leqslant 9$$

所以

$$9 \leqslant a^3 \leqslant 18$$

这与 a 为正整数相矛盾,所以 $a^3 - 9 < 0$,且 $a \in \mathbf{N}^*$,所以 $a = 1$ 或 2.

当 $a = 1$ 时,若 $c = 1$,则由 $a \leqslant b \leqslant c$ 可得 $a = b = c = 1$,满足条件;

若 $c \geqslant 2$,则 $\dfrac{1}{c^2} \leqslant \dfrac{1}{4}$,所以

$$a^2 b^2 c^2 \leqslant a^3 + b^3 + c^3 \Rightarrow b^2 c^2 \leqslant b^3 + c^3 + 1 \leqslant 2c^3 + 1$$

$$\Rightarrow b^2 \leqslant 2c + \frac{1}{c^2} \leqslant 2c + \frac{1}{4}$$

因为 $b^2 \in \mathbf{Z}, 2c \in \mathbf{Z}$,所以

$$b^2 \leqslant 2c \Rightarrow b^4 \leqslant 4c^2$$

又因为

$$c^2 \mid b^3 + a^3 \Rightarrow c^2 \mid b^3 + 1 \Rightarrow c^2 \leqslant b^3 + 1 \Rightarrow 4c^2 \leqslant 4b^3 + 4$$

所以

$$b^4 \leqslant 4c^2 \leqslant 4b^3 + 4 \Rightarrow (b - 4) b^3 \leqslant 4$$

若 $b \geqslant 5$,则 $(b - 4) b^3 \geqslant 125 > 4$,矛盾.

所以 $b \leqslant 4$,因为

$$a \leqslant b \leqslant c$$

当 $b = 2$ 时,则 $c^2 \mid 9 \Rightarrow c = 3$,经检验 $(a, b, c) = (1, 2, 3)$ 满足条件;

当 $b = 3$ 时,则 $c^2 \mid 28$,无解;

当 $b = 4$ 时,则 $c^2 \mid 65$,无解;

若 $a = 2$,则

$$c \geqslant b \geqslant a = 2$$

因为

$$(a, b) = 1, (a, c) = 1$$

所以

$$(2, b) = 1, (2, c) = 1$$

所以 b, c 均为奇数,又因为

$$a^2 b^2 c^2 \leqslant a^3 + b^3 + c^3 \Rightarrow 4b^2 c^2 \leqslant b^3 + c^3 + 8 \leqslant 2c^3 + 8$$

$$\Rightarrow b^2 c^2 \leqslant \frac{1}{2} c^3 + 2$$

$$\Rightarrow b^2 \leqslant \frac{1}{2} c + \frac{2}{c^2}$$

因为 $c \geqslant 2$ 且 c 为奇数,所以

$$c \geqslant 3$$

所以

$$\frac{2}{c^2} \leqslant \frac{2}{9} < \frac{1}{2}$$

所以

$$\frac{1}{2}c - \frac{1}{2} < \frac{1}{2}c < \frac{1}{2}c + \frac{2}{c^2} < \frac{1}{2}c + \frac{1}{2}$$

因为

$$\frac{1}{2}c - \frac{1}{2} \in \mathbf{Z}, \frac{1}{2}c + \frac{1}{2} \in \mathbf{Z}$$

所以

$$b^2 \leqslant \frac{1}{2}c + \frac{2}{c^2} \Rightarrow b^2 \leqslant \frac{1}{2}c - \frac{1}{2} < \frac{1}{2}c$$

所以

$$4b^4 < c^2$$

又因为

$$c^2 \mid a^3 + b^3 \Rightarrow c^2 \mid b^3 + 8 \Rightarrow c^2 \leqslant b^3 + 8$$

所以

$$4b^4 < c^2 < b^3 + 8 \Rightarrow (4b - 1) b^3 < 8$$

当 $b \geqslant 2$ 时,$(4b-1) b^3 \geqslant 56 > 8$,矛盾,所以 $b < 2$,所以 $a \leqslant b < 2$,矛盾.

综上所述

$$(a,b,c) = (1,1,1), (1,2,3)$$

取消不妨设得

$$(a,b,c) = (1,1,1), (1,2,3), (1,3,2), (2,1,3), (2,3,1), (3,1,2), (3,2,1)$$

（此解法由万宇康提供.）

3. 叶军教授点评

（1）本题是一道与整除相关的不等式求值问题,较为复杂,解决本题的核心思想也即关键便是根据三个已知整除式发现对称性,再利用不等式进行分类讨论,从万宇康同学的解答中可以体现出来这一点.

（2）万宇康同学的解答虽然较为烦琐,但每一步的思路都非常清晰,全文从上到下能够很清楚地表达出想要得到的结论,同时字迹工整,卷面较为整洁,值得点赞.

（3）该题同时是 2016 届叶班征解题 55,当时 2016 届叶班的叶丰硕与温玟杰同学各给出了一种解答方法,有兴趣的同学可以去参考工作站第 11 期的文章.

圆与三角形(1)
——2017 届叶班数学问题征解 049 解析

1. 问题征解 049

如图 49.1 所示，$\triangle ABC$ 为圆 O 的内接三角形，点 D,E 在 BC 延长线上，点 F 在 BA 延长线上，已知 DA 为圆 O 的切线，$DC=DE$，$AC \parallel EF$，求证：$OD \perp DF$.

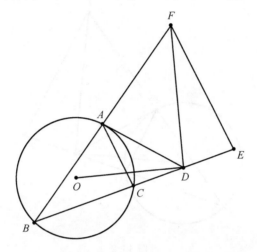

图 49.1

（叶军数学工作站编辑部提供，2018 年 5 月 19 日.）

2. 问题 049 解析

证明　如图 49.2 所示，联结 AO,OF，设 $AD=a$，$AC=b$，$CD=c$，圆 O 半径为 R，因为 DA 为圆 O 切线，所以

$$\angle CAD = \angle ABD$$

又因为

$$\angle ADB = \angle CDA$$

所以

$$\triangle ACD \backsim \triangle BAD$$

所以

$$\frac{AC}{AB}=\frac{CD}{AD}=\frac{AD}{BD} \Rightarrow \frac{b}{AB}=\frac{c}{a}=\frac{a}{BC+c}$$

所以

$$AB=\frac{ab}{c}, BC=\frac{a^2-c^2}{c}$$

所以

$$BE = BC + CD + DE = BC + 2CD = \frac{a^2 + c^2}{c}$$

因为

$$AC /\!/ EF$$

所以

$$\frac{AC}{EF} = \frac{BC}{BE} \Rightarrow EF = \frac{AC}{BC} \cdot BE = \frac{b(a^2 + c^2)}{a^2 - c^2}$$

$$\frac{AB}{BF} = \frac{AC}{EF} \Rightarrow BF = \frac{AB}{AC} \cdot EF = \frac{ab(a^2 + c^2)}{c(a^2 - c^2)}$$

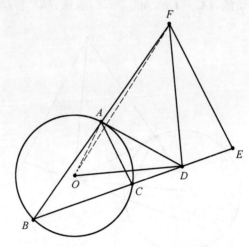

图 49.2

设圆 O 的半径为 R，由圆幂定理可得

$$FO^2 = R^2 + FA \cdot FB = R^2 + (FB - AB) \cdot FB = R^2 + \frac{2a^2 b^2 (a^2 + c^2)}{(a^2 - c^2)^2}$$

在 $\triangle FDE$ 中，由余弦定理有

$$FD^2 = FE^2 + DE^2 - 2EF \cdot DE \cos \angle E =$$
$$FE^2 + CD^2 - 2EF \cdot CD \cos (180° - \angle ACD) =$$
$$EF^2 + CD^2 + 2CD \cdot EF \cdot \cos \angle ACD =$$
$$\frac{b^2 (a^2 + c^2)^2}{(a^2 - c^2)^2} + c^2 + 2 \cdot \frac{b(a^2 + c^2)}{a^2 - c^2} \cdot c \cdot \frac{b^2 + c^2 - a^2}{2bc} =$$
$$\frac{2a^4 c^2 + 2a^4 b^2 - a^6 + 2a^2 b^2 c^2 - a^2 c^4}{(a^2 - c^2)^2}$$

又因为 AD 为圆 O 的切线，所以

$$AD \perp AO$$

所以

$$OD^2 = AO^2 + AD^2 = R^2 + a^2$$

所以

$$FD^2 + OD^2 = \frac{2a^4c^2 + 2a^4b^2 - a^6 + 2a^2b^2c^2 - a^2c^4}{(a^2 - c^2)^2} + a^2 + R^2 =$$

$$\frac{2a^2b^2(a^2 + c^2)}{(a^2 - c^2)^2} + R^2$$

即

$$FD^2 + OD^2 = FO^2$$

所以

$$OD \perp DF$$

（此证法由万宇康提供.）

3. 叶军教授点评

（1）本题是一道圆与三角形的问题,找到几何解法并不简单,其中万宇康同学的解答看似复杂,但实际上是一种比较好的方法,通过计算,构造出勾股定理逆定理,从而证明垂直,值得指出的是,万宇康同学并没有花太多时间在书写上,且计算过程也非常准确,思路清晰,值得点赞！

（2）下面给出一种几何解答方法供同学们参考：

证明　如图 49.3 所示,延长 AD,FE 交于点 S,取 BC 中点 M,联结 OM,OA,AM.

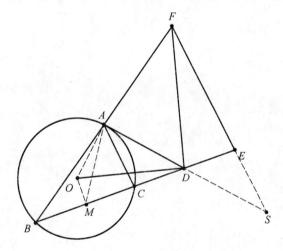

图 49.3

因为 AD 为圆 O 切线,$AC \parallel FS$,所以

$$\angle ABC = \angle CAD = \angle ASF$$

$$\angle BAC = \angle AFS$$

所以

$$\triangle FAS \backsim \triangle ACB$$

又因为 $CD = DE$,$AC \parallel FS$,所以

$$AD = DS$$

因为 M 为 BC 中点,所以

$$\triangle AMC \backsim \triangle FDA$$

$$OM \perp BC$$

因为

$$DA \perp OA$$

所以 O, M, D, A 四点共圆,所以

$$\angle FDA = \angle AMD = \angle AOD$$

又因为

$$\angle AOD + \angle ADO = 90°$$

所以

$$\angle FDA + \angle ADO = 90°$$

即 $\angle FDO = 90°$,$FD \perp DO$.

圆与三角形(2)
——2017 届叶班数学问题征解 050 解析

1. 问题征解 050

如图 50.1 所示,$\triangle ABC$ 为圆 O 的内接三角形,$AB=c$,$BC=a$,$CA=b$,P 为 $\triangle ABC$ 内一点,满足 $\angle BAP=\angle CAP=\angle ACP=\angle CBP=\alpha$,求证:$a^2=bc$.

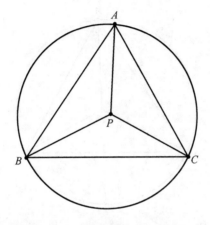

图 50.1

（叶军数学工作站编辑部提供,2018 年 5 月 26 日.）

2. 问题 050 解析

本题是 Brocard 角的一个性质,下面给出证明.

证明　如图 50.2 所示,延长 AP 交 BC 于点 D,交 $\triangle ABC$ 的外接圆于点 E,设 $\angle ABP=\beta$,则

$$\angle BPE=\alpha+\beta,\quad \angle EPC=2\alpha,\quad \angle EBC=\angle EAC=\alpha$$

所以

$$\angle ABC=\alpha+\beta,\quad \angle PBE=2\alpha,\quad \angle AEC=\angle ABC=\alpha+\beta$$

所以

$$\triangle BPE \backsim \triangle ABC \backsim \triangle PEC$$

所以

$$\frac{BP}{PE}=\frac{c}{a},\quad \frac{PE}{PC}=\frac{c}{b}$$

两式相乘得

$$\frac{PB}{PC}=\frac{c^2}{ab}$$

又因为

$$\frac{c}{b} = \frac{BD}{DC} = \frac{BD}{PB} \cdot \frac{PC}{DC} \cdot \frac{PB}{PC} =$$

$$\frac{\sin \angle BPD}{\sin \angle BDP} \cdot \frac{\sin \angle CDP}{\sin \angle CPD} \cdot \frac{PB}{PC} =$$

$$\frac{\sin \angle ABC}{\sin \angle BAC} \cdot \frac{PB}{PC} =$$

$$\frac{b}{a} \cdot \frac{c^2}{ab} = \frac{c^2}{a^2}$$

即

$$\frac{c}{b} = \frac{c^2}{a^2} \Rightarrow a^2 = bc$$

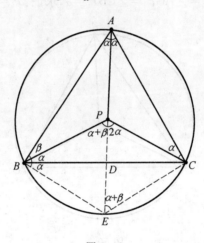

图 50.2

（此证法由万宇康提供.）

3. 叶军教授点评

（1）本题难度适中,利用了三角形外接圆与内角平分线的性质,其中相似的三个三角形是比较容易找到的,其证明过程将角平分线定理与正弦定理结合起来,在不同三角形内转换角与边的关系,最后证得这个非常漂亮的结论.

（2）有关三角形的外接圆与内切圆,还有很多结论,感兴趣的同学可以作进一步了解.

三角形的内心与外心(2)
——2017届叶班数学问题征解 051 解析

1. 问题征解 051

如图51.1所示,在 $\triangle ABC$ 中,$\angle ABC = 60°$,I,O 分别为 $\triangle ABC$ 的内、外心,M 为 $\triangle ABC$ 外接圆弧 BC(不含点 A)的中点,若 $MB = OI$,求 $\angle BAC$ 的大小.

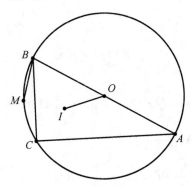

图 51.1

(叶军数学工作站编辑部提供,2018 年 6 月 2 日.)

2. 问题 051 解析

解法一 如图 51.2 所示,联结 CO,MC,联结 AI 并延长交弧 BC 于点 M',联结 $M'B$,$M'C$.

因为 I 为 $\triangle ABC$ 的内心,所以

$$BM' = M'I = M'C$$

所以 M' 为弧 BC 中点,所以点 M 与 M' 重合,所以 A,I,M 三点共线,且

$$MB = MI = MC$$

又因为 $IO = MB$,所以

$$IO = BM = MI = MC$$

所以 $\triangle MCI$ 为等腰三角形,$IO = MI = MC$.

因为 M,C,A,B 四点共圆,$\angle CBA = 60°$,I 为 $\triangle ABC$ 内心,所以

$$\angle MCI = \angle MCB + \angle BCI = \angle MAB + \angle BCI = \frac{1}{2}(\angle BAC + \angle BCA) =$$

$$\frac{1}{2}(180° - \angle ABC) = 60°$$

所以 $\triangle MCI$ 为等边三角形,$IO = MI = MC = IC$.

因为

$$\angle CIA = 90° + \frac{1}{2}\angle ABC = 120° = 2\angle ABC = \angle COA$$

所以 A,C,I,O 四点共圆,又因为

$$\angle OCA = \frac{1}{2}(180° - \angle AOC) = 30°$$

所以

$$\angle ICO = \angle ICA - \angle OCA = \frac{1}{2}\angle BCA - 30°$$

$$\angle IOC = \angle IAC = \frac{1}{2}\angle BAC$$

因为

$$IO = IC$$

所以

$$\angle ICO = \angle IOC$$

所以

$$\frac{1}{2}\angle BAC = \angle IOC = \angle ICO = \frac{1}{2}\angle BCA - 30° = \frac{1}{2}(180° - \angle ABC - \angle BAC) - 30° =$$

$$\frac{1}{2}(120° - \angle BAC) - 30° =$$

$$60° - \frac{1}{2}\angle BAC - 30° = 30° - \frac{1}{2}\angle BAC$$

所以

$$\angle BAC = 30°$$

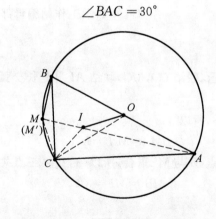

图 51.2

(此解法由万宇康提供.)

解法二　如图 51.3 所示,联结 OA,OC,AI,MI,设圆 O 半径为 R,因为 $\angle ABC = 60°$,O,I 分别为 $\triangle ABC$ 的外心、内心,所以

$$\angle AOC = 2\angle ABC = 120° = 90° + \frac{1}{2}\angle ABC = \angle AIC$$

所以 A,O,I,C 四点共圆,由正弦定理可知

$$\frac{OI}{\sin \angle AOC} = \frac{AC}{\sin \angle OAI}$$

故

$$OI = \frac{AC}{\sin \angle AOC} \cdot \sin \angle OAI = \frac{AC}{\sin \angle ABC} \cdot \sin \angle OAI = 2R \cdot \sin \angle OAI$$

因为 M 为弧 BC 的中点,所以 A, I, M 三点共线,所以

$$MB = 2R\sin \angle BAM$$

又

$$MB = OI$$

故 $\angle OAI$ 与 $\angle BAM$ 相等或互补.

因为

$$\angle OAI + \angle BAM = \angle OAI + \angle IAC = \angle OAC < 180°$$

所以

$$\angle OAI = \angle BAM$$

所以 A, O, B 三点共线,故

$$\angle BCA = 90°$$

故

$$\angle BAC = 30°$$

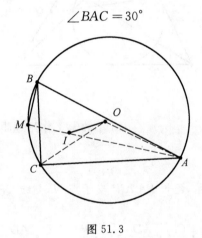

图 51.3

（此解法由徐斌提供.）

3. 叶军教授点评

(1) 与三角形的内、外心有关的题型有很多种,需要同学们掌握的性质定理也有很多,如三角形内切圆、外接圆的性质,内、外心张角公式等,均需要同学们掌握好.

(2) 万宇康同学利用三角形内心与外接圆的性质,得到边与边的关系,以此来将角度进行转换与计算,最后求解成功,值得点赞.

(3) 徐斌老师的解法中,探索问题时发现了 A, O, B 三点共线,并以此为突破口,转化为证明 $\angle OAI = \angle BAM$,最后求解成功,值得点赞.

梅涅劳斯定理与等腰三角形
——2017 届叶班数学问题征解 052 解析

1. 问题征解 052

如图 52.1 所示,圆 O 与 $\triangle ABC$ 的边 AB,BC 分别切于点 D,G,与边 AC 交于 E,F 两点,过点 C 作 $\angle ABC$ 的平分线的垂线,垂足为 M,并与直线 DE,DF 分别交于点 P,Q. 证明: $MP = MQ$.

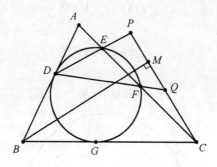

图 52.1

（叶军数学工作站编辑部提供,2018 年 6 月 9 日.）

2. 问题 052 解析

解法一 如图 52.2 所示,延长 BA,CP 交于点 N,截线 QFD 截 $\triangle CAN$,截线 PED 截 $\triangle CAN$,由梅涅劳斯定理得

$$\frac{NQ}{QC} \cdot \frac{CF}{FA} \cdot \frac{AD}{DN} = 1, \frac{NP}{PC} \cdot \frac{CE}{EA} \cdot \frac{AD}{DN} = 1$$

两式相乘得

$$\frac{NQ \cdot NP}{QC \cdot PC} \cdot \frac{CF \cdot CE}{FA \cdot EA} \cdot \frac{AD^2}{DN^2} = 1 \qquad ①$$

由圆幂定理可得

$$AD^2 = AE \cdot AF$$

因为 $\triangle BNC$ 为等腰三角形,且 $BD = BG$,所以

$$DN^2 = CG^2 = CF \cdot CE$$

所以 ① 可化为

$$NQ \cdot NP = QC \cdot PC$$
$$\Leftrightarrow (NP + PQ)NP = QC(CQ + QP)$$
$$\Leftrightarrow NP^2 + PQ \cdot NP = QC^2 + QC \cdot QP$$
$$\Leftrightarrow NP^2 - QC^2 + PQ(NP - QC) = 0$$
$$\Leftrightarrow (NP - QC)(NP + QC + PQ) = 0$$

所以

$$NP = QC$$

又因为

$$NM = CM$$

所以

$$MP = MQ$$

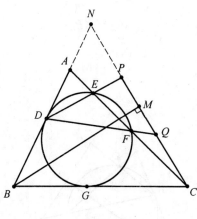

图 52.2

（此解法由万宇康提供.）

解法二　如图 52.3 所示,延长 BA,CP 交于点 K,分别对直线 DEP,DFQ 截 $\triangle KAC$,由梅涅劳斯定理有

$$\frac{KP}{PC} \cdot \frac{CE}{EA} \cdot \frac{AD}{DK} = 1$$

$$\frac{KQ}{QC} \cdot \frac{CF}{FA} \cdot \frac{AD}{DK} = 1$$

两式相乘,得

$$\frac{KP \cdot KQ}{CP \cdot CQ} \cdot \frac{CE \cdot CF}{AE \cdot AF} \cdot \frac{AD^2}{DK^2} = 1 \qquad ①$$

由切割线定理可知

$$CE \cdot CF = CG^2, AE \cdot AF = AD^2$$

因为 BM 平分 $\angle KBC$,$BM \perp CK$,所以

$$BK = BC, CM = MK$$

又由切线长定理知

$$BD = BG$$

故

$$CG = DK$$

故式 ① 可化为

$$\frac{KP \cdot KQ}{CP \cdot CQ} \cdot \frac{CG^2}{AD^2} \cdot \frac{AD^2}{CG^2} = 1$$

故

$$KP \cdot KQ = CP \cdot CQ$$

故

$$\frac{CQ}{QK}=\frac{KP}{PC}$$

故

$$\frac{CQ}{CK}=\frac{KP}{CK}$$

故

$$CQ=KP$$

故

$$MP=MQ$$

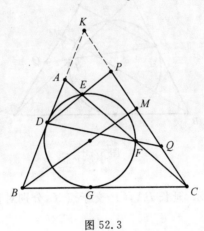

图 52.3

（此解法由徐斌提供.）

3. 叶军教授点评

本题是一道与圆的切线有关的问题,用到了等腰三角形的性质以及梅涅劳斯定理,将得到等式进行转换计算,最后证出要证的结论,万宇康同学灵活利用所学知识求证成功,值得点赞.

圆中的三角形相似问题
——2017 届叶班数学问题征解 053 解析

1. 问题征解 053

如图 53.1 所示,在 $\triangle ABC$ 中,BE,CF 是高,$\triangle ABC$ 外接圆的切线 BD,CD 交于点 D,求证:AD 平分 EF.

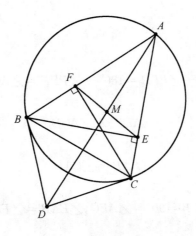

图 53.1

(叶军数学工作站编辑部提供,2018 年 6 月 16 日.)

2. 问题 053 解析

证明 如图 53.2 所示,取 BC 中点 P,联结 AP,FP,DP,在弧 AC 上取一点 Q,联结 AQ,CQ.

因为 CF 是 $\triangle ABC$ 中 AB 边上的高,且 P 为 BC 中点,所以

$$FP = PC = BP, \angle BFP = \angle PBF$$

因为 DB,DC 均为 $\triangle ABC$ 外接圆的切线,所以

$$DB = DC$$

所以

$$DP \perp BC$$

所以

$$\frac{FP}{DC} = \frac{PC}{DC} = \cos \angle BCD = \cos \angle BAC = \frac{AF}{AC}$$

所以

$$\frac{AF}{FP} = \frac{AC}{DC}$$

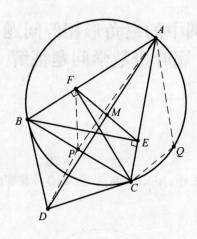

图 53.2

又因为

$$\angle AFP = 180° - \angle BFP = 180° - \angle PBF = \angle AQC = \angle ACD$$

所以

$$\triangle AFP \backsim \triangle ACD$$

所以

$$\angle FAP = \angle CAD$$

因为

$$\angle AEB = 90° = \angle AFC, \angle EAB = \angle FAC$$

所以

$$\triangle AEB \backsim \triangle AFC$$

所以

$$\frac{AE}{AF} = \frac{AB}{AC}$$

又因为

$$\angle EAF = \angle BAC$$

所以

$$\triangle EAF \backsim \triangle BAC$$

所以

$$\angle AEF = \angle ABC$$

又因为

$$\angle FAP = \angle CAD$$

所以

$$\triangle ABP \backsim \triangle AEM$$

所以

$$\frac{AE}{AB} = \frac{EM}{BP} = \frac{EM}{\frac{1}{2}BC} = \frac{2EM}{BC}$$

又因为

$$\frac{AE}{AB} = \frac{BF}{BC}$$

所以

$$EF = 2EM$$

所以 AD 平分 EF.

（此证法由万宇康提供.）

3. 叶军教授点评

（1）圆中的相似问题一直都是同学们感到困难的,万宇康同学能通过列一些相似转化求证成功,是非常不容易的,值得点赞.

（2）下面给出另一种巧妙的方法,通过面积与线段的比值求证:

证明　如图 53.3 所示,联结 DE, DF,注意到

$$\angle BAC = \angle DBC = \angle DCB$$

所以

$$\angle ABD + \angle ACB = 180° = \angle ACD + \angle ABC$$

所以

$$\frac{FM}{EM} = \frac{S_{\triangle FAD}}{S_{\triangle EAD}} = \frac{S_{\triangle FAD}}{S_{\triangle BAD}} \cdot \frac{S_{\triangle BAD}}{S_{\triangle ABC}} \cdot \frac{S_{\triangle ABC}}{S_{\triangle CAD}} \cdot \frac{S_{\triangle CAD}}{S_{\triangle EAD}} =$$

$$\frac{AF}{AB} \cdot \frac{AB \cdot BD}{AC \cdot BC} \cdot \frac{AB \cdot BC}{AC \cdot DC} \cdot \frac{AC}{AE} =$$

$$\frac{AF}{AC} \cdot \frac{AB}{AE} = 1$$

所以

$$FM = EM$$

所以 AD 平分 EF.

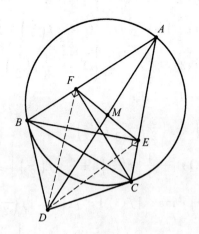

图 53.3

插值公式的应用
——2017 届叶班数学问题征解 054 解析

1. 问题征解 054

设 $a,b,c \in \mathbf{R}$,求

$$\text{minmax}\left\{\left|a+b+c-1\right|, \left|\frac{9}{4}a+\frac{3}{2}b+c-\frac{27}{8}\right|, \left|\frac{25}{4}a+\frac{5}{2}b+c-\frac{125}{8}\right|, \left|9a+3b+c-27\right|\right\}$$

(叶军数学工作站编辑部提供,2018 年 6 月 23 日.)

2. 问题 054 解析

解析 令

$$f(x) = x^3 - ax^2 - bx - c$$

则依题意可设

$$f(x) = A(x-1)\left(x-\frac{3}{2}\right)\left(x-\frac{5}{2}\right) + B\left(x-\frac{3}{2}\right)\left(x-\frac{5}{2}\right)(x-3) +$$

$$C\left(x-\frac{3}{2}\right)\left(x-\frac{5}{2}\right)(x-3) + D(x-3)(x-1)\left(x-\frac{3}{2}\right)$$

则

$$\begin{cases} f(1) = -\frac{3}{2}B \\ f\left(\frac{3}{2}\right) = \frac{3}{4}C \\ f\left(\frac{5}{2}\right) = -\frac{3}{4}D \\ f(3) = \frac{3}{2}A \end{cases} \Rightarrow \begin{cases} A = \frac{2}{3}f(3) \\ B = -\frac{2}{3}f(1) \\ C = \frac{4}{3}f\left(\frac{3}{2}\right) \\ D = -\frac{4}{3}f\left(\frac{5}{2}\right) \end{cases}$$

比较 x^3 的系数得 $A + B + C + D = 1$,即

$$\frac{2}{3}f(3) - \frac{2}{3}f(1) + \frac{4}{3}f\left(\frac{3}{2}\right) - \frac{4}{3}f\left(\frac{5}{2}\right) = 1$$

$$\Rightarrow \frac{2}{3}\left|f(3)\right| + \frac{2}{3}\left|f(1)\right| + \frac{4}{3}\left|f\left(\frac{3}{2}\right)\right| + \frac{4}{3}\left|f\left(\frac{5}{2}\right)\right| \geqslant 1$$

$$\Rightarrow \left(\frac{2}{3} + \frac{2}{3} + \frac{4}{3} + \frac{4}{3}\right) \cdot \max\left\{\left|f(3)\right|, \left|f(1)\right|, \left|f\left(\frac{3}{2}\right)\right|, \left|f\left(\frac{5}{2}\right)\right|\right\} \geqslant 1$$

$$\Rightarrow \max\left\{\left|f(3)\right|, \left|f(1)\right|, \left|f\left(\frac{3}{2}\right)\right|, \left|f\left(\frac{5}{2}\right)\right|\right\} \geqslant \frac{1}{4}$$

因为当 $a = 6, b = -\frac{45}{4}, c = \frac{13}{2}$ 时

$$\max\left\{|f(3)|,|f(1)|,\left|f\left(\frac{3}{2}\right)\right|,\left|f\left(\frac{5}{2}\right)\right|\right\}=\frac{1}{4}$$

所以

$$\min\max\left\{|a+b+c-1|,\left|\frac{9}{4}a+\frac{3}{2}b+c-\frac{27}{8}\right|,\right.$$

$$\left.\left|\frac{25}{4}a+\frac{5}{2}b+c-\frac{125}{8}\right|,|9a+3b+c-27|\right\}=$$

$$\min\max\left\{|f(1)|,\left|f\left(\frac{3}{2}\right)\right|,\left|f\left(\frac{5}{2}\right)\right|,|f(3)|\right\}=$$

$$\frac{1}{4}$$

（此解法由万宇康提供.）

3. 叶军教授点评

万宇康同学通过构造函数找到了与本题的一些联系,并用插值公式将函数变形,最后求解成功,值得点赞.

线段比值问题
——2017 届叶班数学问题征解 055 解析

1. 问题征解 055

如图 55.1 所示,在梯形 $ABCD$ 中,$AD \parallel BC$,E 是 AB 上任意一点,AC,DE 交于点 F,分别取 AE,AB 的中点 M,N,过点 C 作 MF 的平行线,交 AB 于点 G,求证:$\dfrac{EF}{FD} = \dfrac{GN}{NA}$.

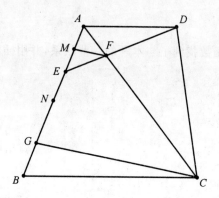

图 55.1

（叶军数学工作站编辑部提供,2018 年 6 月 30 日.）

2. 问题 055 解析

证明　如图 55.2 所示,延长 BA,CD 相交于点 P,因为 $AD \parallel BC$,所以

$$\frac{AB}{PA} = \frac{CD}{PD} \Rightarrow AB = CD \cdot \frac{PA}{PD}$$

又因为 $MF \parallel GC$,所以

$$\frac{GA}{AC} = \frac{MA}{AF} = \frac{\frac{1}{2}AE}{AF} = \frac{AE}{2AF} \Rightarrow GA = \frac{AC \cdot AE}{2AF}$$

又因为截线 CFA 截 $\triangle PED$,由梅涅劳斯定理有

$$\frac{EF}{FD} \cdot \frac{DC}{CP} \cdot \frac{PA}{AE} = 1 \Rightarrow \frac{EF}{FD} = \frac{CP}{CD} \cdot \frac{AE}{PA}$$

截线 EFD 截 $\triangle PAC$,由梅涅劳斯定理有

$$\frac{CF}{FA} \cdot \frac{AE}{EP} \cdot \frac{PD}{DC} = 1 \Rightarrow \frac{CF}{FA} = \frac{EP}{AE} \cdot \frac{CD}{PD} = \frac{EP}{AE} \cdot \frac{AB}{PA}$$

所以

$$\frac{GN}{NA} = \frac{GA}{NA} - 1 = \frac{2GA}{AB} - 1 = \frac{2\dfrac{AC \cdot AE}{2AF}}{AB} - 1 = \frac{AC \cdot AE}{AF \cdot AB} - 1 =$$

$$\frac{(AF + CF) \cdot AE}{AF \cdot AB} - 1 = \frac{AE}{AB} + \frac{CF}{AF} \cdot \frac{AE}{AB} - 1 =$$

$$\frac{AE}{CD \cdot \dfrac{PA}{PD}} + \frac{EP}{AE} \cdot \frac{AB}{PA} \cdot \frac{AE}{AB} - 1 =$$

$$\frac{AE}{CD} \cdot \frac{PD}{PA} + \frac{EP}{PA} - 1 = \frac{AE}{PA} \cdot \frac{PD}{PA} + \frac{EP - PA}{PA} =$$

$$\frac{AE}{PA} \cdot \frac{PD}{CD} + \frac{AE}{PA} = \frac{AE}{PA}\left(1 + \frac{PD}{CD}\right) = \frac{AE}{PA} \cdot \frac{PC}{CD} =$$

$$\frac{EF}{FD}$$

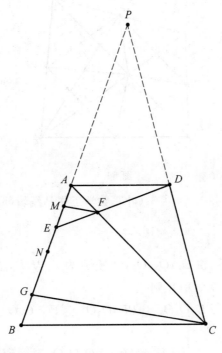

图 55.2

（此证法由万宇康提供.）

3. 叶军教授点评

本题中直线相交平行关系复杂，在加上两个中点的引入，使得比例关系显得更加复杂，万宇康同学使用梅涅劳斯定理，巧妙转化比例，求证成功，值得点赞。

四点共圆问题
——2017 届叶班数学问题征解 056 解析

1. 问题征解 056

如图 56.1 所示,已知凸四边形 $ABCD$ 的对角线 AC,BD 相交于点 P,四边 AB,BC,CD,DA 的中点分别为 E,F,G,H,$\triangle PHE$,$\triangle PEF$,$\triangle PFG$,$\triangle PGH$ 的外心分别为 O_1,O_2,O_3,O_4,求证:O_1,O_2,O_3,O_4 四点共圆的充要条件是 A,B,C,D 四点共圆.

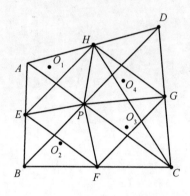

图 56.1

(叶军数学工作站编辑部提供,2018 年 7 月 14 日.)

2. 问题 056 解析

证明 如图 56.2 所示,由 O_1,O_2,O_3,O_4 分别为 $\triangle PHE$,$\triangle PEF$,$\triangle PFG$,$\triangle PGH$ 的外心,联结 O_1O_2,O_2O_3,O_3O_4,O_4O_1 则

$$O_1O_2 \perp PE, O_2O_3 \perp PF, O_3O_4 \perp PG, O_4O_1 \perp PH$$

从而

$$\angle O_4O_1O_2 + \angle HPE = 180°, \angle O_2O_3O_4 + \angle FPG = 180°$$

故

O_1,O_2,O_3,O_4 四点共圆 $\Leftrightarrow \angle O_4O_1O_2 + \angle O_2O_3O_4 = 180° \Leftrightarrow \angle HPE + \angle FPG = 180°$ ①

设 A,C 关于点 P 的对称点分别为 A',C',联结 BC',DC',BA',DA'.

在 $\triangle BCC'$ 中

$$FP \mathbin{/\mkern-5mu/} BC' \Rightarrow \angle FPC = \angle BC'C$$

在 $\triangle DCC'$ 中

$$GP \mathbin{/\mkern-5mu/} DC' \Rightarrow \angle CPG = \angle CC'D$$

所以

$$\angle FPG = \angle FPC + \angle CPG = \angle BC'C + \angle CC'D = \angle BC'D$$

同理可得
$$\angle EPH = \angle BA'D$$

所以

$$① \Leftrightarrow \angle BC'D + \angle BA'D = 180° \Leftrightarrow B, C', D, A' \text{ 四点共圆}$$
$$\Leftrightarrow C'P \cdot A'P = BP \cdot DP$$
$$\Leftrightarrow CP \cdot AP = BP \cdot DP$$
$$\Leftrightarrow A, B, C, D \text{ 四点共圆}$$

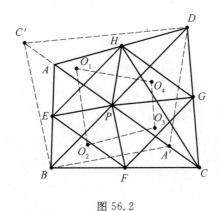

图 56.2

（此证法由万宇康提供.）

3. 叶军教授点评

本题是一道证明四点共圆的问题,非常巧妙的用到了内对角互补与相交弦定理的逆定理,其中,作对称点这一步在题目中起到了画龙点睛的作用,非常漂亮,值得点赞!

如图 56.3 所示,事实上从本题的图中还可以得到一系列命题

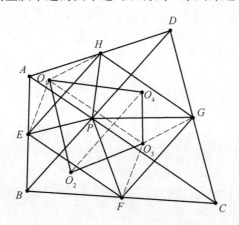

图 56.3

$$A, B, C, D \text{ 四点共圆}$$
$$\Leftrightarrow O_1, O_2, O_3, O_4 \text{ 四点共圆}$$
$$\Leftrightarrow \angle O_2 O_1 O_4 + \angle O_2 O_3 O_4 = 180°$$
$$\Leftrightarrow \angle EPH + \angle FPG = 180°$$

$$\Leftrightarrow \angle EO_1H = \angle FO_3G$$

$$\Leftrightarrow \triangle O_1EH \cong \triangle O_3FG$$

$$\Leftrightarrow O_1E \text{ 平行且等于 } O_3F$$

$$\Leftrightarrow O_1O_3 \text{ 平行且等于 } \frac{1}{2}AC$$

三角形中的线与角问题
——2017 届叶班数学问题征解 057 解析

1. 问题征解 057

如图 57.1 所示,设 P 是 $\triangle ABC$ 内一点,且 $\angle BAP = \angle PAC$, $PA \cdot BC = PB \cdot CA = PC \cdot AB$,求 $\angle PBA$ 的所有可能值.

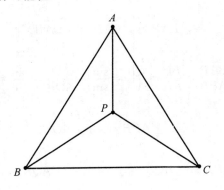

图 57.1

（叶军数学工作站编辑部提供,2018 年 7 月 21 日.）

2. 问题 057 解析

解析 如图 57.2 所示,在 $\triangle ABC$ 外取一点 Q,使得 $\angle QAP = \angle BAC$, $\angle QPA = \angle BCA$,联结 AQ, PQ, QB,则

$$\triangle APQ \backsim \triangle ACB$$

所以

$$\frac{PA}{PB} = \frac{CA}{BC} = \frac{PA}{QP}$$

所以

$$QP = PB$$

因为

$$\angle QAP = \angle BAC$$

所以

$$\angle QAB = \angle PAC$$

因为

$$\frac{AQ}{AB} = \frac{AP}{AC}$$

所以

$$\triangle QAB \backsim \triangle PAC$$

所以

$$\frac{AQ}{QB} = \frac{AP}{PC} = \frac{AB}{BC} = \frac{AQ}{QP}$$

所以

$$QB = QP$$

所以 $\triangle QBP$ 为等边三角形,所以

$$\angle QBP = \angle BPQ = \angle PQB = 60°$$

因为

$$\angle BAP = \angle CAP$$

所以

$$\angle BAP = \angle CAP = \angle QAB$$

所以

$$\frac{\sin \angle BAP}{\sin \angle APB} = \frac{BP}{AB} = \frac{QB}{AB} = \frac{\sin \angle QAB}{\sin \angle AQB} = \frac{\sin \angle BAP}{\sin \angle AQB}$$

所以

$$\sin \angle APB = \sin \angle AQB$$

所以

$$\angle APB = \angle AQB \text{ 或 } \angle APB + \angle AQB = 180°$$

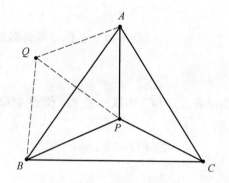

图 57.2

若 $\angle APB = \angle AQB$,则因为 $\angle APB = \angle AQB$, $\angle QAB = \angle PAB$, $AB = AB$,所以

$$\triangle QAB \cong \triangle PAB$$

所以

$$\angle PBA = \angle QBA = \frac{1}{2} \times 60° = 30°$$

若 $\angle APB + \angle AQB = 180°$,则 A, Q, B, P 四点共圆,所以

$$\angle AQP = \angle ABP$$

又因为

$$\triangle AQP \backsim \triangle ABC$$

所以

$$\angle AQP = \angle ABC$$

所以

$$\angle ABC = \angle ABP$$

即 P 在 BC 上,矛盾.

综上所述,$\angle PBA = 30°$.

(此解法由万宇康提供.)

3. 叶军教授点评

(1)本题的条件看似简单,实则是一个比较难的问题,万宇康同学能够想到构造相似,利用正弦定理求解成功,实属不易,值得点赞!

(2)下面给出另一种解法:

证明　如图 57.3 所示,设点 P 在 BC,CA,AB 上的射影分别为 D,E,F,则 P,E,A,F 四点共圆,P,F,B,D 四点共圆,P,D,C,E 四点共圆,且 PA,PB,PC 分别为其直径,由正弦定理有

$$EF = PA \cdot \sin \angle BAC, FD = PB \cdot \sin \angle CBA$$

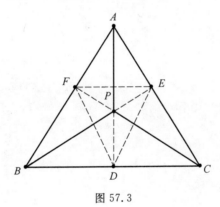

图 57.3

所以

$$\frac{EF}{FD} = \frac{PA \cdot \sin \angle BAC}{PB \cdot \sin \angle CBA} = \frac{PA \cdot BC}{PB \cdot CA}$$

同理

$$\frac{FD}{DE} = \frac{PB \cdot CA}{PC \cdot AB}$$

所以

$$\frac{EF}{PA \cdot BC} = \frac{FD}{PB \cdot CA} = \frac{DE}{PC \cdot AB}$$

因为

$$PA \cdot BC = PB \cdot CA = PC \cdot AB$$

所以

$$EF = FD = DE$$

所以 $\triangle DEF$ 为等边三角形,因为

$$\angle BAP = \angle PAC$$

所以

$$PE = PF$$

所以 PD 垂直平分 EF,所以

$$\angle PBA = \angle PDF = 30°$$

几何计算垂直问题
——2017届叶班数学问题征解 058 解析

1. 问题征解 058

如图 58.1 所示, A 为四边形 $BCED$ 内一点, 使得 $AB=AD$, $AC=AE$, $\angle BAD=\angle CAE$, BE, CD 交于点 F, O 为 $\triangle BCF$ 的外心, 求证: $OA \perp DE$.

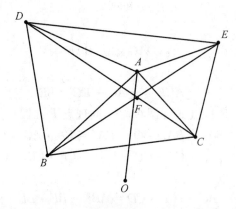

图 58.1

(叶军数学工作站编辑部提供, 2018 年 7 月 28 日.)

2. 问题 058 解析

证法一 如图 58.2 所示, 分别作 $\triangle ADB$, $\triangle AEC$ 的外接圆圆 O_1、圆 O_2, 联结 CO, BO, DO, OE, 延长 CA 交圆 O_1 于点 P, 延长 BA 交圆 O_2 于点 Q, 联结 PQ, PB, QC, 令圆 O 半径为 R.

因为 $AD=AB$, $AE=AC$, $\angle DAB=\angle CAE$, 所以
$$\angle BDA=\angle CEA, \angle DAC=\angle BAE$$
所以
$$\angle BPC=\angle BPA=\angle BDA=\angle CEA=\angle CQA=\angle CQB$$
所以 B, C, P, Q 四点共圆, 所以
$$\triangle APQ \backsim \triangle ABC$$
所以
$$AP \cdot AC=AQ \cdot AB$$
又因为
$$DA=AB, AC=AE, \angle DAC=\angle BAE$$

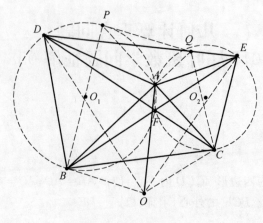

图 58.2

所以

$$\triangle DAC \cong \triangle BAE$$

所以

$$\angle AEF = \angle ACF, DC = BE$$

所以 A, F, C, E 四点共圆,所以点 F 在圆 O_2 上,同理点 F 在圆 O_1 上,所以由切割线定理有

$$BF \cdot BE - BA^2 = BA \cdot BQ - BA^2 = BA \cdot AQ = CP \cdot AP =$$
$$CA \cdot CP - CA^2 = CF \cdot CD - CA^2$$

所以

$$AC^2 - CF \cdot CD = AB^2 - BF \cdot BE$$

在 $\triangle FBC$ 中,由正弦定理得

$$\frac{FB}{\sin \angle FCB} = \frac{FC}{\sin \angle FBC} = 2R$$

所以

$$AC^2 - 2DC \cdot R \cdot \sin \angle FBC = AB^2 - 2BE \cdot R \cdot \sin \angle FCB$$

所以

$$(R^2 + DC^2 - 2DC \cdot R\sin \angle FBC) - (R^2 + BE^2 - 2BE \cdot R\sin \angle FCB) = AB^2 - AC^2$$

因为

$$\angle EBO = \angle FBC + \angle CBO = \angle FBC + \frac{1}{2}(180° - \angle BOC) =$$

$$\angle FBC + 90° - \frac{1}{2}\angle BOC = \angle FBC + 90° - \frac{1}{2}(360° - 2\angle BFC) =$$

$$\angle FBC + 90° - 180° + \angle BFC = 90° - \angle FCB$$

所以由余弦定理

$$EO^2 = R^2 + BE^2 - 2BE \cdot R\cos \angle OBE = R^2 + BE^2 - 2BE \cdot R\sin \angle FCB$$

同理

$$DO^2 = R^2 + CD^2 - 2CD \cdot R\sin \angle FBC$$

所以

$$DO^2 - EO^2 = AB^2 - AC^2 = AD^2 - AE^2$$

所以

$$AO \perp DE$$

（此证法由万宇康提供.）

证法二　如图 58.3 所示,作 $AG \perp CD$ 于点 G,设 C 关于 G 的对称点为 C',则只需证

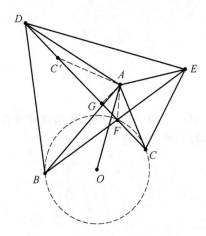

图 58.3

$$OA \perp DE \Leftrightarrow OD^2 - OE^2 = AD^2 - AE^2$$
$$\Leftrightarrow DF \cdot DC - EB \cdot EF = AD^2 - AC^2$$

因为 $AB = AD, AC = AE, \angle BAE = \angle CAD$,所以

$$\triangle ADC \cong \triangle ABE$$

所以

$$DC = BE$$

且

$$\angle ADC = \angle ABE, \angle AEB = \angle ACD$$

所以 A, D, B, F 和 A, E, C, F 分别共圆,所以

$$\angle AFC' = \angle ABD = \angle ACE = \angle AFE$$

又

$$AC' = AC = AE$$

故

$$\triangle AFC' \cong \triangle AFE$$

故

$$C'F = EF$$

因为

$$AG \perp CD$$

所以

$$AD^2 - AE^2 = DG^2 - CG^2 = (DG - C'G)(DG + CG) = DC' \cdot DC =$$
$$DC(DF - C'F) = DC \cdot DF - BE \cdot EF$$

设圆 O 半径为 R，则由圆幂定理得

$$DC \cdot DF = DO^2 - R^2, BE \cdot EF = EO^2 - R^2$$

所以

$$AD^2 - AE^2 = DO^2 - EO^2$$

故

$$AO \perp DE$$

（此证法由徐斌提供.）

3. 叶军教授点评

本题中的 $DO^2 - EO^2 = AD^2 - AE^2$ 是一种证明两直线垂直的等价变形式，万宇康同学通过一系列的几何运算求证成功，值得点赞！

圆中的切线问题
——2017 届叶班数学问题征解 059 解析

1. 问题征解 059

如图 59.1 所示,已知 AB 为圆 O 的一条直径,CD 为圆 O 内平行于 AB 的一条弦,P 为直径 AB 上异于 O,A,B 的一点,以 P 为圆心任作一圆使圆 P 内含于圆 O,过 A,B,C,D 分别作圆 P 的切线,切于 A_1,B_1,C_1,D_1.

证明:$AA_1^2 + BB_1^2 = CC_1^2 + DD_1^2$.

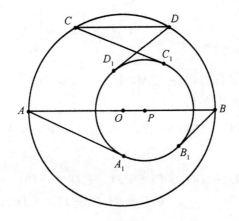

图 59.1

（叶军数学工作站编辑部提供,2018 年 8 月 11 日.）

2. 问题 059 解析

证明　如图 59.2 所示,联结 PA_1,PB_1,PC_1,PD_1,CP,DP,DO,过点 C 作 $CH_1 \perp AB$ 于点 H_1,过点 D 作 $DH_2 \perp AB$ 于点 H_2,过点 O 作 $OH_3 \perp CD$ 于点 H_3,因为 AA_1,BB_1,CC_1,DD_1 为圆 O 的切线,所以

$$AA_1^2 = AP^2 - PA_1^2$$
$$BB_1^2 = BP^2 - PB_1^2$$
$$CC_1^2 = CP^2 - PC_1^2$$
$$DD_1^2 = DP^2 - PD_1^2$$

设圆 P 的半径为 r,圆 O 的半径为 R,$CD = a$,$OP = b$,$OH_3 = k$,则

$$AA_1^2 + BB_1^2 = (R+b)^2 - r^2 + (R-b)^2 - r^2 = 2R^2 + 2b^2 - 2r^2$$

又因为

$$CD \mathbin{/\!/} AB$$

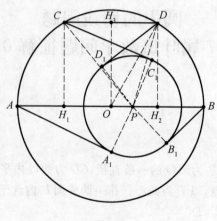

图 59.2

所以

$$CH_3 = H_3D = \frac{1}{2}a$$

因为

$$CD \parallel AB, CH_1 \perp AB, H_3O \perp CD, DH_2 \perp AB$$

所以四边形 CH_1H_2D 为矩形,所以

$$CH_1 = H_3O = DH_2 = k, H_1O = OH_2 = \frac{1}{2}a$$

所以

$$CC_1^2 + DD_1^2 = CP^2 - PC_1^2 + DP^2 - PD_1^2 =$$
$$CH_1^2 + H_1P^2 - PC_1^2 + DH_2^2 + PH_2^2 - PD_1^2 =$$
$$k^2 + \left(\frac{1}{2}a + b\right)^2 - r^2 + k^2 + \left(\frac{1}{2}a - b\right)^2 - r^2 =$$
$$\frac{1}{2}a^2 + 2b^2 + 2(DO^2 - H_3D^2) - 2r^2 =$$
$$\frac{1}{2}a^2 + 2b^2 + 2\left(R^2 - \frac{1}{4}a^2\right) - 2r^2 =$$
$$2R^2 + 2b^2 - 2r^2 =$$
$$AA_1^2 + BB_1^2$$

（此证法由万宇康提供.）

3. 叶军教授点评

本题是一道与圆的切线有关的问题,万宇康同学通过计算求证成功,值得点赞!

四点共圆问题的证明
——2017 届叶班数学问题征解 060 解析

1. 问题征解 060

如图 60.1 所示，$\triangle ABC$ 为等腰三角形，$AB = AC$，I 为内心，直线 BI，CI 与其外接圆 O 相交于 $M(\neq B)$，$N(\neq C)$，点 D 为 BC 弧上一点，AD 与 BI，CI 分别相交于点 E，F，DM 与 CI 相交于点 P，DN 与 BI 相交于点 Q.

证明：D，I，P，Q 四点共圆，且 CE 与 BF 的交点在该圆上.

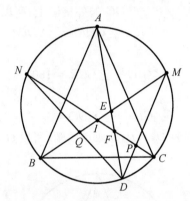

图 60.1

（叶军数学工作站编辑部提供，2018 年 8 月 18 日.）

2. 问题 060 解析

证明　如图 60.2 所示，联结 CE，ID，联结 BF 并延长交 CE 于点 G，联结 GI，GD，令 $ND \bigcap BC = R$，因为 I 为 $\triangle ABC$ 的内心，所以

$$\angle PIQ = \angle BIC = 90° + \frac{1}{2}\angle BAC$$

M 为 $\overset{\frown}{AC}$ 中点，N 为 $\overset{\frown}{AB}$ 中点，又因为 $AB = AC$，所以

$$\overset{\frown}{AB} = \overset{\frown}{AC}, \angle ABC = \angle ACB$$

所以

$$\angle PDQ = \angle MDN = \angle ACB = 90° - \frac{1}{2}\angle BAC$$

所以

$$\angle PIQ + \angle PDQ = 180°$$

所以 D,I,P,Q 四点共圆，又因为

$$\angle EIC = \angle IBC + \angle ICB = \angle EDC$$

所以 E,I,D,C 四点共圆，同理 I,F,D,B 四点共圆，所以

$$\angle IBG = \angle IBF = \angle IDF = \angle IDE = \angle ICE = \angle ICG$$

所以 I,B,C,G 四点共圆，所以

$$\angle GIB + \angle GCB = 180°$$

所以

$$\angle GIQ + \angle GCR = 180°$$

又因为

$$\angle FCR = \angle FDR$$

所以 F,R,D,C 四点共圆，所以 R 在 $\triangle FDC$ 的外接圆上，因为

$$\angle FGC + \angle FDC = \angle BGC + \angle ADC = \angle BIC + \angle ABC = 180°$$

所以 F,G,C,D 四点共圆，所以 G 在 $\triangle FDC$ 的外接圆上，所以 R,D,C,G 四点共圆，所以

$$\angle GCR = \angle GDR = \angle GDQ$$

因为

$$\angle GIQ + \angle GCR = 180°$$

所以

$$\angle GIQ + \angle GDQ = 180°$$

所以 I,G,D,Q 四点共圆，又因为 D,I,P,Q 四点共圆，所以 G 在四边形 $IPDQ$ 的外接圆上.

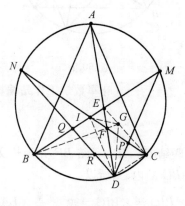

图 60.2

（此证法由万宇康提供.）

3. 叶军教授点评

（1）本题是一道共圆问题，万宇康同学能通过繁多的共圆找到要证的结论实属不易，值得点赞！

（2）事实上，如图 60.3 所示，设 BF，CE 交于点 G，K 是弧 BC 中点，AB 交 DN 于点 S，AC 交 DM 于点 T，则还可证明 S,I,G,T 四点共线和 D,K,Q,I,G,P 六点共圆，证明过程留给读者.

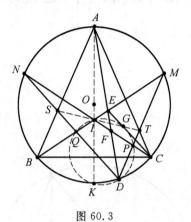

图 60.3

圆中角度问题的等价转换
——2017 届叶班数学问题征解 061 解析

1. 问题征解 061

如图 61.1 所示,D 是圆 O 的弧 BC 的中点,H 是 $\triangle ABC$ 的垂心,求证:$\angle BHD + \angle AHC = 180° \Leftrightarrow \angle BAC = 60°$.

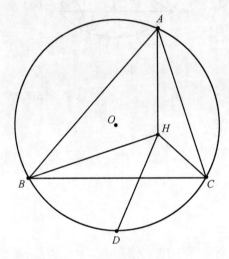

图 61.1

(叶军数学工作站编辑部提供,2018 年 8 月 25 日.)

2. 问题 061 解析

证明 如图 61.2 所示,联结 BO,OC,BD,DC,联结 AO 并延长交 BH 于点 Q,交 BC 于点 P,联结 OD 交 BC 于点 R,先证:$\angle BHD + \angle AHC = 180° \Rightarrow \angle BAC = 60°$.

因为 O 是 $\triangle ABC$ 的外心,所以

$$\angle AOB = 2\angle ACB$$
$$\angle BOC = 2\angle BAC$$
$$BO = OC$$

所以

$$\angle OBP = 90° - \frac{1}{2}\angle BOC = 90° - \angle BAC$$

$$\angle QPB = \angle AOB - \angle OBP = 2\angle ACB - (90° - \angle BAC) = 2\angle ACB + \angle BAC - 90°$$

因为 H 为垂心,所以

$$\angle HBC = 90° - \angle ACB$$

所以

$$\angle OQH = \angle BQP = 180° - \angle QPB - \angle QBP =$$
$$180° - (2\angle ACB + \angle BAC - 90°) - (90° - \angle ACB) =$$
$$180° - \angle ACB - \angle BAC =$$
$$\angle ABC$$

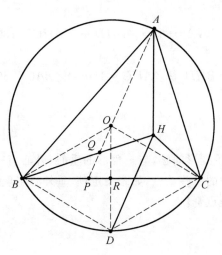

图 61.2

又因为

$$\angle BHD + \angle AHC = 180°$$

所以

$$\angle BHD + 180° - \angle ABC = 180°$$

所以

$$\angle BHD = \angle ABC = \angle OQH$$

所以

$$AO /\!/ HD$$

又因为 D 是 $\overset{\frown}{BC}$ 的中点, O 为外心, 所以

$$OD \perp BC, BR = RC$$

因为

$$AH \perp BC$$

所以

$$OD /\!/ AH$$

所以四边形 $AODH$ 为平行四边形, 所以

$$OD = AH$$

由垂外心定理有

$$AH = 2OR$$

所以

$$OR = RD$$

因为 OD, BC 垂直且平分, 所以四边形 $OBDC$ 为菱形, 所以

$$\angle BOC = \angle BDC$$

因为 A,B,D,C 四点共圆,所以

$$\angle BDC + \angle BAC = 180° \Rightarrow 3\angle BAC = 180°$$

所以

$$\angle BAC = 60°$$

再通过逆推易由

$$\angle BAC = 60° \Rightarrow \angle BHD + \angle AHC = 180°$$

所以

$$\angle BHD + \angle AHC = 180° \Leftrightarrow \angle BAC = 60°$$

(此证法由万宇康提供.)

3. 叶军教授点评

本题是圆中的角度等价变形问题,与三角形的垂心、外心有一定联系,需要学生掌握好三角形的垂心、外心在圆中的一些结论,如张角定理、垂外心定理等,万宇康同学能够利用所学知识灵活转换成功,值得点赞!

一道三线共点问题的求解
——2017 届叶班数学问题征解 062 解析

1. 问题征解 062

如图 62.1 所示,点 D,E,F 分别是 $\triangle ABC$ 外接圆的弧 BC,CA,AB 的中点,设 FD,DE, EF 分别交 $\triangle ABC$ 的边于点 G,H,I,J,K,L,求证:GJ,HK,IL 三线共点.

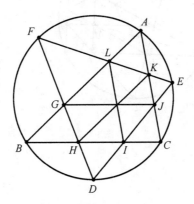

图 62.1

（叶军数学工作站编辑部提供,2018 年 9 月 1 日.）

2. 问题 062 解析

证明　如图 62.2 所示,设 BE,CF 交于点 M,CF 分别交 AB,DE 于点 P,Q,AB,DE 交于点 R,因为 E,F 分别为弧 AC,AB 的中点,所以 BE,CF 分别为 $\angle ABC,\angle ACB$ 的平分线,故 M 为 $\triangle ABC$ 的内心.

分别对直线 BME,AJC,FGD 截 $\triangle PQR$ 应用梅涅劳斯定理得

$$\frac{PM}{MQ}\cdot\frac{QE}{ER}\cdot\frac{RB}{BP}=1$$

$$\frac{QJ}{JR}\cdot\frac{RA}{AP}\cdot\frac{PC}{CQ}=1$$

$$\frac{RG}{GP}\cdot\frac{PF}{FQ}\cdot\frac{QD}{DR}=1$$

三式相乘,得

$$\left(\frac{PM}{MQ}\cdot\frac{QJ}{JR}\cdot\frac{RG}{GP}\right)\cdot\frac{QE}{ER}\cdot\frac{RB}{BP}\cdot\frac{RA}{AP}\cdot\frac{PC}{CQ}\cdot\frac{PF}{FQ}\cdot\frac{QD}{DR}=1$$

由圆幂定理可知

$$PC\cdot PF=PA\cdot PB$$

$$QD\cdot QE=QC\cdot QF$$

$$RA \cdot RB = RD \cdot RE$$

故

$$\frac{PM}{MQ} \cdot \frac{QJ}{JR} \cdot \frac{RG}{GP} = 1$$

由梅涅劳斯定理逆定理知 G, M, J 三点共线，同理可证 H, M, K 和 I, M, L 分别三点共线．

故 GJ, HK, IL 三线共点 M，得证．

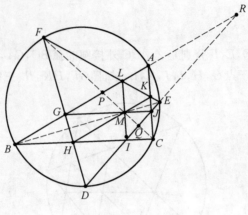

图 62.2

（此证法由徐斌提供．）

3. 叶军教授点评

容易发现 GJ, HK, IL 都经过的点是 $\triangle ABC$ 的内心，从而可以把问题转化为证明三点共线，后面三点共线的证明可简化为对圆内接六边形 $AFBDCE$ 应用帕斯卡定理．

一道圆中的平行问题
——2017 届叶班数学问题征解 063 解析

1. 问题征解 063

如图 63.1 所示,已知 H 为 $\triangle ABC$ 的垂心,M 为 BC 的中点,A 的对径点为 T,$HK \perp AM$ 于点 K,过 K 作 BC 的垂线与圆 O 交于点 S,证明:$AM \parallel ST$.

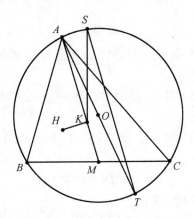

图 63.1

（叶军数学工作站编辑部提供,2018 年 9 月 8 日.）

2. 问题 063 解析

证明　如图 63.2 所示,联结 KC,AS,SD,SO,OD,联结 AM 交圆 O 于点 D 取 SD 中点 O',联结 AH 并延长交 BC 于点 H_1,联结 BH 并延长交 AC 于点 H_2,联结 CH 并延长交 AB 于点 H_3,联结 MH_3,MH_2,BD,DC.

因为 H 为 $\triangle ABC$ 的垂心,所以
$$AH_1 \perp BC,BH_2 \perp AC,CH_3 \perp AB$$
又因为
$$HK \perp AM$$
所以 H,H_1,K,M 四点共圆;H,H_1,B,H_3 四点共圆;H,H_1,C,H_2 四点共圆,所以
$$AK \cdot AM = AH \cdot AH_1 = AH_3 \cdot AB$$
$$AK \cdot AM = AH \cdot AH_1 = AH_2 \cdot AC$$
所以 K,M,B,H_3 四点共圆,K,M,C,H_2 四点共圆,所以
$$\angle BKM = \angle BH_3M,\angle CKM = \angle CH_2M$$
因为 M 为 BC 中点,所以
$$\angle BKM = \angle BH_3M = \angle H_3BM = \angle ABM$$

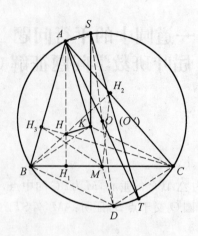

图 63.2

$$\angle CKM = \angle CH_2 M = \angle H_2 CM = \angle ACM$$

又因为

$$\angle KMB = \angle BMA , \angle KMC = \angle CMA$$

所以

$$\angle KBM = \angle BAM = \angle BCD , \angle KCM = \angle CAM = \angle CBD$$

所以

$$BK \parallel CD , KC \parallel BD$$

所以四边形 $BKCD$ 为平行四边形,所以

$$KM = MD$$

因为

$$SO' = O'D$$

因为

$$O'M \parallel KS , KS \perp BC$$

所以

$$KS \parallel OM$$

所以点 O' 在直线 OM 上,又因为 O' 在 SD 上,所以 SD 交直线 OM 于点 O'.

若点 O 与点 O' 不重合,则由

$$SD = OD , SO' = O'D$$

得直线 OO' 垂直平分 SD,即直线 OM 垂直平分 SD,所以

$$OM \perp AT$$

所以 $AT \parallel BC$,矛盾.

所以 O 为 SD 的中点,所以 SD 为圆 O 的直径,所以

$$\angle SAD = \angle AST = 90°$$

所以

$$AM \parallel ST$$

(此证法由万宇康提供.)

证法二　如图 63.3 所示,延长 AM 交圆 O 于点 D,设 DO 交圆 O 于点 S',联结 AH,AS,

OM, SD, DF, HF.

由垂心性质可知

$$AH \parallel OM$$

且

$$AH = 2OM$$

故 OM 为 $\triangle AHF$ 的中位线,故 M 为 HF 中点,又

$$HK \perp AD, FD \perp AD$$

故

$$HK \parallel FD$$

故

$$\frac{KM}{KD} = \frac{HM}{MF} = 1$$

故 M 为 KD 中点,故 OM 为 $\triangle S'KD$ 中位线,故且

$$S'K \parallel OM, S'K = 2OM$$

故 S' 与 S 重合,故 SD, AF 均为圆 O 直径,故四边形 $ASFD$ 为矩形,故 $AM \parallel ST$.

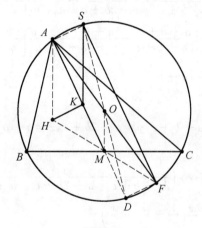

图 63.3

(此证法由徐斌提供.)

3. 叶军教授点评

本题万宇康同学通过添加多条辅助线,仅利用初中几何知识就求解成功,值得点赞!

利用均值不等式求最值问题
——2017 届叶班数学问题征解 064 解析

1. 问题征解 064

已知 $a,b,c > 0$,试求 $\dfrac{a}{2a+b+c} + \dfrac{b}{a+2b+c} + \dfrac{c}{a+b+2c}$ 的最大值.

(叶军数学工作站编辑部提供,2018 年 9 月 15 日.)

2. 问题 064 解析

解法一

$$\frac{a}{2a+b+c} + \frac{b}{a+2b+c} + \frac{c}{a+b+2c} =$$

$$3 - \frac{a+b+c}{2a+b+c} - \frac{a+b+c}{a+2b+c} - \frac{a+b+c}{a+b+2c} =$$

$$3 - (a+b+c)\left(\frac{1}{2a+b+c} + \frac{1}{a+2b+c} + \frac{1}{a+b+2c}\right)$$

令

$$x = 2a+b+c, y = a+2b+c, z = a+b+2c$$

则

$$3 - (a+b+c)\left(\frac{1}{2a+b+c} + \frac{1}{a+2b+c} + \frac{1}{a+b+2c}\right) =$$

$$3 - \frac{x+y+z}{4}\left(\frac{1}{x} + \frac{1}{y} + \frac{1}{z}\right) =$$

$$3 - \frac{1}{4}\left(1 + \frac{x}{y} + \frac{x}{z} + \frac{y}{x} + 1 + \frac{y}{z} + \frac{z}{x} + \frac{z}{y} + 1\right) =$$

$$\frac{9}{4} - \frac{1}{4}\left[\left(\frac{x}{y} + \frac{y}{x}\right) + \left(\frac{y}{z} + \frac{z}{y}\right) + \left(\frac{z}{x} + \frac{x}{z}\right)\right]$$

因为

$$a,b,c > 0$$

所以

$$x,y,z > 0$$

所以 $\dfrac{x}{y}, \dfrac{y}{x}, \dfrac{y}{z}, \dfrac{z}{y}, \dfrac{z}{x}, \dfrac{x}{z}$ 均为正,所以

$$\frac{9}{4} - \frac{1}{4}\left[\left(\frac{x}{y} + \frac{y}{x}\right) + \left(\frac{y}{z} + \frac{z}{y}\right) + \left(\frac{z}{x} + \frac{x}{z}\right)\right] \leqslant$$

$$\frac{9}{4} - \frac{1}{4}\left(2\sqrt{\frac{x}{y} \cdot \frac{y}{x}} + 2\sqrt{\frac{y}{z} \cdot \frac{z}{y}} + 2\sqrt{\frac{z}{x} \cdot \frac{x}{z}}\right) =$$

$$\frac{9}{4} - \frac{1}{4} \times (2 + 2 + 2) =$$

$$\frac{3}{4}$$

所以

$$\frac{a}{2a+b+c} + \frac{b}{a+2b+c} + \frac{c}{a+b+2c} \leqslant \frac{3}{4}$$

等号成立当且仅当 $a = b = c = 1$, 所以

$$\left(\frac{a}{2a+b+c} + \frac{b}{a+2b+c} + \frac{c}{a+b+2c}\right)_{\max} = \frac{3}{4}$$

（此解法由万宇康提供.）

解法二 由柯西不等式可知

$$\frac{a}{2a+b+c} + \frac{b}{a+2b+c} + \frac{c}{a+b+2c} =$$

$$3 - (a+b+c)\left(\frac{1}{2a+b+c} + \frac{1}{a+2b+c} + \frac{1}{a+b+2c}\right) =$$

$$3 - \frac{1}{4}\big[(2a+b+c) + (a+2b+c) + (a+b+2c)\big] \cdot$$

$$\left(\frac{1}{2a+b+c} + \frac{1}{a+2b+c} + \frac{1}{a+b+2c}\right) \leqslant$$

$$3 - \frac{1}{4}(1+1+1)^2 = \frac{3}{4}$$

等号成立当且仅当 $2a+b+c = a+2b+c = a+b+2c \Leftrightarrow a = b = c$, 故原式的最大值为 $\frac{3}{4}$.

（此解法由徐斌提供.）

3. 叶军教授点评

本题较为简单,值得指出的是,在利用均值不等式的时候,所用式子都要为正.

一个圆中的相似问题
——2017 届叶班数学问题征解 065 解析

1. 问题征解 065

如图 65.1 所示,已知 O 为 $\triangle ABC$ 的外心,过 O 的直线与 AB, AC 分别交于点 F, E, M 为 FC 的中点, N 为 BE 的中点,求证: $\triangle AFE \backsim \triangle OMN$.

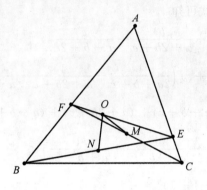

图 65.1

（叶军数学工作站编辑部提供,2018 年 9 月 21 日.）

2. 问题 065 解析

证明 如图 65.2 所示,联结 MN,作 $\triangle ABC$ 的外接圆,联结 BO 交圆于点 P,联结 CO 交圆于点 Q,联结 AQ, QB, AP,联结 QF, PE 交于点 K,易证 K 必在 $\triangle ABC$ 的外接圆上,因为 O, N 分别为 BP, BE 的中点,所以

$$ON \underset{=}{\parallel} \frac{1}{2}PE$$

同理可得

$$OM \underset{=}{\parallel} \frac{1}{2}QF$$

所以

$$\angle NOM = \angle QKP = \angle QBP = \angle BQC = \angle BAC$$

因为 A, Q, K, P 四点共圆, $\overset{\frown}{QB} = \overset{\frown}{PC}$,所以

$$\angle AQK + \angle APK = 180°, \angle QAB = \angle PAC$$

所以

$$\sin \angle QAF = \sin \angle EAP, \sin \angle APE = \sin \angle FQA$$

又因为

$$\frac{PE}{AE} = \frac{\sin \angle EAP}{\sin \angle APE}, \frac{QF}{AF} = \frac{\sin \angle QAF}{\sin \angle FQA}$$

所以

$$\frac{PE}{AE} = \frac{QF}{AF}$$

所以

$$\frac{ON}{AE} = \frac{OM}{AF}$$

因为

$$\angle NOM = \angle FAE$$

所以

$$\triangle AFE \backsim \triangle OMN$$

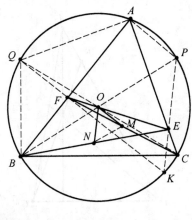

图 65.2

（此证法由万宇康提供.）

3. 叶军教授点评

本题考查了圆中对径点的相关性质与圆中的相似问题,万宇康同学给出的这个解答非常漂亮,值得点赞!

三角形中的格点问题
——2017 届叶班数学问题征解 066 解析

1. 问题征解 066

如图 66.1 所示,在 $\triangle ABC$ 中,$\angle CBA = 60°$,$\angle BAC = 40°$,点 D,E 分别在边 AC,AB 上,且 $\angle CBD = 40°$,$\angle ECB = 70°$,设 BD 与 CE 交于点 P. 求证:$AP \perp BC$.

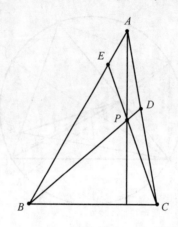

图 66.1

（叶军数学工作站编辑部提供,2018 年 9 月 28 日.）

2. 问题 066 解析

证法一　因为 $\angle CBA = 60°$,$\angle BAC = 40°$,$\angle CBD = 40°$,$\angle ECB = 70°$,所以

$$\angle ABD = 20°,\angle ACE = 10°$$

设

$$\angle BAP = \alpha$$

则

$$\angle PAC = 40° - \alpha$$

由塞瓦定理的角元形式有

$$\sin \angle ABD \cdot \sin \angle ECB \cdot \sin \angle PAC = \sin \angle DBC \cdot \sin \angle ACE \cdot \sin \angle BAP$$

$$\Leftrightarrow \sin 20° \cdot \sin 70° \cdot \sin (40° - \alpha) = \sin 40° \cdot \sin 10° \cdot \sin \alpha$$

$$\Leftrightarrow \sin 20° \cdot \cos 20° \cdot \sin (40° - \alpha) = 2\sin 20° \cdot \cos 20° \cdot \sin 10° \cdot \sin \alpha$$

$$\Leftrightarrow \sin (40° - \alpha) = 2\sin 10° \cdot \sin \alpha \qquad ①$$

因为 $\sin \alpha \neq 0$,所以

$$① \Leftrightarrow \frac{\sin (40° - \alpha)}{\sin \alpha} = 2\sin 10° \qquad ②$$

因为 $f(x) = \dfrac{\sin(40° - x)}{\sin x}$ 在 $x \in (0°, 40°)$ 时单调递减,所以方程 ② 在 $\alpha \in (0°, 40°)$ 时有

唯一解 $\alpha = 30°$,所以 $AP \perp BC$.

(此证法由万宇康提供.)

证法二　作 $AF \perp BC$ 于点 F,则只需证

$$AF, BD, CE \text{ 三线共点}$$

$$\Leftrightarrow \frac{\sin \angle BAF}{\sin \angle FAC} \cdot \frac{\sin \angle ACE}{\sin \angle ECB} \cdot \frac{\sin \angle CBD}{\sin \angle DBA} = 1$$

$$\Leftrightarrow \frac{\sin 30°}{\sin 10°} \cdot \frac{\sin 10°}{\sin 70°} \cdot \frac{\sin 40°}{\sin 20°} = 1$$

上式左边 $= \dfrac{\dfrac{1}{2}\sin 40°}{\cos 20° \cdot \sin 20°} = 1$,得证.

(此证法由徐斌提供.)

3. 叶军教授点评

用塞瓦定理角元形式解决格点问题时,其难点在于如何解三角方程,本题的解法用到了考虑函数的单调性后在某个区间内看出解,是一种非常实用的方法.

圆中的线段比问题
——2017 届叶班数学问题征解 067 解析

1. 问题征解 067

如图 67.1 所示,$ABCD$ 为圆内接四边形,P 为 $\overgroup{AB}$ 上一点,PC,PD 分别交 AB 于点 E,F,且 $AF:FE:EB = p:q:r$,求 $\dfrac{AD \cdot BC}{FE \cdot DC}$ 的值.

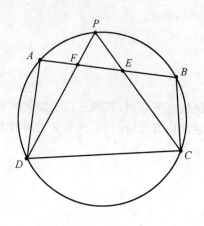

图 67.1

（叶军数学工作站编辑部提供,2018 年 10 月 6 日.）

2. 问题 067 解析

解析 如图 67.2 所示,联结 AP,BP,AC,BD,因为 $AF:FE:EB = p:q:r$,所以可设

设
$$AF = mp,\ FE = mq,\ EB = mr \quad (m > 0)$$

设
$$FP = kp,\ PE = lr \quad (k > 0, l > 0)$$

因为
$$\triangle ADF \backsim \triangle PBF,\ \triangle PBE \backsim \triangle ACE$$

所以
$$\frac{AD}{PB} = \frac{AF}{PF} = \frac{mp}{kp} = \frac{m}{k}$$

$$\frac{PB}{AC} = \frac{PE}{AE} = \frac{lr}{m(p+q)}$$

所以
$$\frac{AD}{AC} = \frac{AD}{PB} \cdot \frac{PB}{AC} = \frac{l}{k} \cdot \frac{r}{p+q}$$

同理

$$\frac{BC}{BD} = \frac{k}{l} \cdot \frac{p}{q+r}$$

所以

$$AD \cdot BC = AC \cdot \frac{AD}{AC} \cdot BD \cdot \frac{BC}{BD} =$$

$$AC \cdot \frac{l}{k} \cdot \frac{r}{p+q} \cdot BD \cdot \frac{k}{l} \cdot \frac{p}{q+r} =$$

$$\frac{rp}{(p+q)(q+r)} \cdot AC \cdot BD$$

由托勒密定理有

$$AC \cdot BD = AD \cdot BC + AB \cdot CD$$

所以

$$AD \cdot BC = \frac{rp}{(p+q)(q+r)}(AD \cdot BC + AB \cdot CD)$$

$$\Leftrightarrow \frac{q(p+q+r)}{(p+q)(q+r)} \cdot AD \cdot BC = \frac{rp}{(p+q)(q+r)} \cdot AB \cdot CD$$

$$\Rightarrow AD \cdot BC = \frac{rp}{q(p+q+r)}AB \cdot CD$$

又因为

$$AB \cdot CD = \frac{p+q+r}{q} \cdot FE \cdot CD$$

所以

$$AD \cdot BC = \frac{rp}{q^2} \cdot FE \cdot CD$$

所以

$$\frac{AD \cdot BC}{FE \cdot CD} = \frac{rp}{q^2}$$

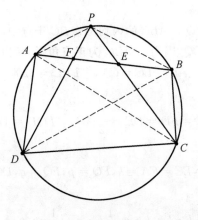

图 67.2

（此解法由万宇康提供.）

3. 叶军教授点评

本题是一道圆中求线段比值问题,万宇康同学通过三角形的相似与托勒密定理求出线段之间的关系,利用它们之间的灵活转换求解成功,值得点赞!

三角形的内切圆与外接圆
——2017 届叶班数学问题征解 068 解析

1. 问题征解 068

如图 68.1 所示,P,Q 分别在正 $\triangle ABC$ 的外接圆和内切圆上,设 $PA=a$,$PB=b$,$PC=c$,$QA=x$,$QB=y$,$QC=z$,求 $\dfrac{x^4+y^4+z^4}{a^4+b^4+c^4}+\dfrac{y^2z^2+z^2x^2+x^2y^2}{b^2c^2+c^2a^2+a^2b^2}$ 的值.

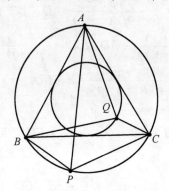

图 68.1

(叶军数学工作站编辑部提供,2018 年 10 月 6 日.)

2. 问题 068 解析

解析 如图 68.2 所示,设 $\triangle ABC$ 的内切圆切 BC 于点 D,切 AC 于点 E,切 AB 于点 F,联结 EF,FD,DE,EQ,FQ,DQ,因为 $\triangle ABC$ 为正三角形,所以

$$AB=BC=CA,\angle BPC=120°$$

$\triangle EFD$ 为正三角形

$$EF=FD=DE=\frac{1}{2}AB,\angle EQD=120°$$

设

$$AB=BC=CA=k,EQ=p,FQ=q,DQ=r$$

由托勒密定理得

$$k\cdot c+k\cdot b=k\cdot a,\frac{1}{2}k\cdot r+\frac{1}{2}r\cdot p=\frac{1}{2}k\cdot q$$

所以

$$a=b+c,q=p+r$$

在 $\triangle BPC$ 与 $\triangle EQD$ 中,由余弦定理得

$$k^2=b^2+c^2-2bc\cdot\cos 120°,\left(\frac{k}{2}\right)^2=p^2+r^2-2pr\cdot\cos 120°$$

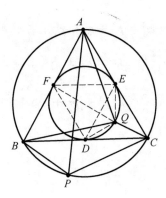

图 68.2

所以

$$b^2 + bc + c^2 = k^2, p^2 + pr + r^2 = \frac{k^2}{4}$$

所以

$$a^4 + b^4 + c^4 = (b+c)^4 + b^4 + c^4 =$$
$$2b^4 + 4b^3c + 6b^2c^2 + 4bc^3 + 2c^4 =$$
$$2(b^2 + bc + c^2)^2 =$$
$$2k^4$$
$$b^2c^2 + c^2a^2 + a^2b^2 = b^2c^2 + c^2(b+c)^2 + (b+c)^2b^2 =$$
$$(b^2 + bc + c^2)^2 =$$
$$k^4$$

所以

$$原式 = \frac{x^4 + y^4 + z^4}{2k^4} + \frac{y^2z^2 + z^2x^2 + x^2y^2}{k^4} = \frac{(x^2 + y^2 + z^2)^2}{2k^4}$$

在 $\triangle ABQ$ 中,$AF = FB$,由中线长公式得

$$q = \frac{1}{2}\sqrt{2x^2 + 2y^2 - k^2}$$

所以

$$x^2 + y^2 = 2q^2 + \frac{1}{2}k^2$$

同理

$$y^2 + z^2 = 2r^2 + \frac{1}{2}k^2$$

$$z^2 + x^2 = 2p^2 + \frac{1}{2}k^2$$

以上三式相加得

$$2(x^2 + y^2 + z^2) = 2p^2 + 2q^2 + 2r^2 + \frac{3}{2}k^2$$

所以

$$x^2 + y^2 + z^2 = p^2 + q^2 + r^2 + \frac{3}{4}k^2 =$$

$$p^2 + (p+r)^2 + r^2 + \frac{3}{4}k^2 =$$

$$2(p^2 + pr + r^2) + \frac{3}{4}k^2 =$$

$$2 \cdot \frac{k^2}{4} + \frac{3}{4}k^2 =$$

$$\frac{5}{4}k^2$$

所以

$$原式 = \frac{(x^2+y^2+z^2)^2}{2k^4} =$$

$$\frac{\left(\frac{5}{4}k^2\right)^2}{2k^4} =$$

$$\frac{25}{32}$$

（此解法由万宇康提供.）

3. 叶军教授点评

对于这道题, 万宇康同学纯用初中竞赛知识求解成功, 这是非常难得的, 希望能继续努力, 在接下来的竞赛学习中能保持初心！

函数的最值问题(1)
——2017届叶班数学问题征解069解析

1. 问题征解 069

设 x,y,z 为非负实数,满足 $xy+yz+zx=1$,试求 $\dfrac{1}{x+y}+\dfrac{1}{y+z}+\dfrac{1}{z+x}$ 的最小值.

(叶军数学工作站编辑部提供,2018 年 10 月 20 日.)

2. 问题 069 解析

解析 设

$$f(x,y,z)=\frac{1}{x+y}+\frac{1}{y+z}+\frac{1}{z+x}$$

因为 $xy+yz+zx=1$,所以函数 f 可变形为

$$f=\frac{1}{x+y}+\frac{x+y}{1+z^2}+\frac{2z}{1+z^2}$$

设

$$t=x+y,g(t)=\frac{1}{t}+\frac{t}{1+z^2}$$

不妨设 $z\leqslant x,y$,则

$$3z^2\leqslant xy+yz+zx=1$$

且 $z\geqslant 0$,所以

$$0\leqslant z\leqslant\frac{\sqrt 3}{3}$$

因为

$$\frac{(x+y)^2}{4}+z(x+y)\geqslant xy+yz+zx=1$$

所以

$$(x+y)^2+4z(x+y)-4\geqslant 0$$

又

$$x+y>0$$

故

$$x+y\geqslant 2(\sqrt{1+z^2}-z)$$

等号成立 $\Leftrightarrow x=y$,又因为

$$2(\sqrt{1+z^2}-z)\geqslant\sqrt{1+z^2}\Leftrightarrow|z|\leqslant\frac{\sqrt 3}{3}$$

所以

$$t = x + y \geqslant 2(\sqrt{1 + z^2} - z) \geqslant \sqrt{1 + z^2}$$

从而函数 $g(t) = \dfrac{1}{t} + \dfrac{t}{1 + z^2}$ 在 $\left[\sqrt{1 + z^2}, +\infty\right)$ 上递增,所以有

$$f(x, y, z) = g(t) + \frac{2z}{1 + z^2} \geqslant$$

$$g\left[2(\sqrt{1 + z^2} - z)\right] + \frac{2z}{1 + z^2} =$$

$$\frac{1}{2}(\sqrt{1 + z^2} + z) + \frac{2}{\sqrt{1 + z^2}} =$$

$$2\left(\sqrt{1 + z^2} + \frac{1}{\sqrt{1 + z^2}}\right) + \frac{1}{2}(z - 3\sqrt{1 + z^2}) \geqslant$$

$$4 - \frac{1}{2}(3\sqrt{1 + z^2} - z) =$$

$$\frac{5}{2} + \frac{1}{2}\left[(3 + z) - 3\sqrt{1 + z^2}\right] =$$

$$\frac{5}{2} + \frac{1}{2} \cdot \frac{8z\left(\dfrac{3}{4} - z\right)}{3 + z + 3\sqrt{1 + z^2}}$$

因为

$$\frac{3}{4} - z > \frac{\sqrt{3}}{3} - z \geqslant 0, z \geqslant 0$$

所以 $f(x, y, z) \geqslant \dfrac{5}{2}$,等号成立当且仅当 $z = 0, x = y$,即 $(x, y, z) = (1, 1, 0)$,所以

$$\left(\frac{1}{x + y} + \frac{1}{y + z} + \frac{1}{z + x}\right)_{\min} = \frac{5}{2}.$$

(此解法由万宇康提供.)

3. 叶军教授点评

本题是一道求函数最值的问题,主要利用函数的单调性来求解,用单调性来求函数的值域与最值是非常常见的,万宇康同学能掌握这种方法并求解成功,值得点赞!

函数的最值问题(2)
——2017 届叶班数学问题征解 070 解析

1. 问题征解 070

设 a,b,c 为非负实数, $a+b+c=1$,求 $u=\sqrt{a^2+bc}+\sqrt{b^2+ca}+\sqrt{c^2+ab}$ 的最大值.

（叶军数学工作站编辑部提供,2018 年 10 月 27 日.）

2. 问题 070 解析

解析　由对称性不妨设 $a\geqslant b\geqslant c\geqslant 0$,则

$$u=\sqrt{a^2+bc}+\sqrt{b^2+ca}+\sqrt{c^2+ab}\leqslant$$

$$a+\frac{1}{2}c+\sqrt{b^2+ca}+\sqrt{bc+ab}\leqslant$$

（等号成立当且仅当 $c=0,a=b$ ）

$$a+\frac{1}{2}c+\sqrt{2(b^2+ca)+2(bc+ab)}=$$

$$a+\frac{1}{2}c+\sqrt{(2b+2c)(b+a)}\leqslant$$

$$a+\frac{1}{2}c+\frac{2b+2c+b+a}{2}=$$

$$\frac{3}{2}(a+b+c)=$$

$$\frac{3}{2}$$

所以 $u\leqslant\frac{3}{2}$,等号成立当且仅当 $(a,b,c)=\left(\frac{1}{2},\frac{1}{2},0\right)$,所以 $u_{\max}=\frac{3}{2}$.

（此解法由万宇康提供.）

3. 叶军教授点评

与征解题 69 一样,本题的函数表达式是一个对称式,在这里,通过不妨设,将三个字母的大小关系给定,再利用不等式的放缩变化以及一些常见的不等式求解成功,读者应该仔细体会其中的放缩方法.

均值不等式的应用
——2017 届叶班数学问题征解 071 解析

1. 问题征解 071

设 $x,y,z \geq 0$,且满足 $xy+yz+zx=1$,求 $x(1-y^2)(1-z^2)+y(1-z^2)(1-x^2)+z(1-x^2)(1-y^2)$ 的最大值.

(叶军数学工作站编辑部提供,2018 年 11 月 3 日.)

2. 问题 071 解析

解析

原式 $= x+y+z-xy^2-xz^2-yx^2-yz^2-zx^2-zy^2+xy^2z^2+yz^2x^2+zx^2y^2 =$
$x+y+z-(x+y+z)(xy+yz+zx)+xyz(xy+yz+zx)+3xyz =$
$4xyz$

又因为

$$1 = xy+yz+zx \geq 3\sqrt[3]{x^2y^2z^2}$$

所以

$$(xyz)^{\frac{2}{3}} \leq \frac{1}{3}$$

所以

$$xyz \leq \frac{\sqrt{3}}{9}$$

所以

$$原式 \leq \frac{4\sqrt{3}}{9}$$

又当 $x=y=z=\frac{\sqrt{3}}{3}$ 时,原式 $=\frac{4\sqrt{3}}{9}$,所以原式的最大值为 $\frac{4\sqrt{3}}{9}$.

(此解法由万宇康提供.)

3. 叶军教授点评

此题较为简单,主要考查均值不等式的应用.

圆的根轴问题
——2017 届叶班数学问题征解 072 解析

1. 问题征解 072

如图 72.1 所示，$\triangle ABC$ 的三条高 AD，BE，CF 交于点 H，P 是 $\triangle ABC$ 内任意一点，求证：$\triangle APD$，$\triangle BPE$，$\triangle CPF$ 的外心 O_1，O_2，O_3 三点共线.

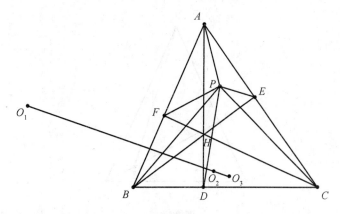

图 72.1

（叶军数学工作站编辑部提供，2018 年 11 月 10 日.）

2. 问题 072 解析

证明　由题意得点 P 为圆 O_1、圆 O_2、圆 O_3 的交点，所以点 P 对于圆 O_1、圆 O_2、圆 O_3 的幂均为 0，又因为 $\angle ADB = \angle AEB = 90°$，所以 A，B，D，E 四点共圆，所以

$$AH \cdot HD = BH \cdot HE$$

同理

$$BH \cdot HE = CH \cdot HF$$

所以

$$AH \cdot HD = BH \cdot HE = CH \cdot HF$$

所以点 H 对于圆 O_1、圆 O_2、圆 O_3 的幂相等，所以 PH 为圆 O_1 与圆 O_2 的根轴，也为圆 O_2 与圆 O_3 的根轴，所以 O_1，O_2，O_3 三点共线.

（此证法由万宇康提供.）

3. 叶军教授点评

本题用到了三个圆的根轴问题：三个圆，其两两的根轴或相交于一点，或互相平行，显然，当三个圆的圆心在一条直线上时，三条根轴互相平行. 万宇康同学能灵活利用其性质求证成功，值得点赞！

斯特瓦尔特定理的应用
——2017 届叶班数学问题征解 073 解析

1. 问题征解 073

如图 73.1 所示，在 △ABC 中，AB = AC，点 D 在 AB 上，且 CD = 2BD，点 E 在 CD 上，且 DE = 3EC，求证：∠ADE = 2∠AED.

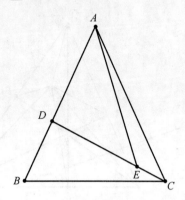

图 73.1

（叶军数学工作站编辑部提供，2018 年 11 月 17 日.）

2. 问题 073 解析

证明　由斯特瓦尔特定理得

$$AE^2 = AD^2 \cdot \frac{EC}{CD} + AC^2 \cdot \frac{DE}{CD} - DE \cdot EC =$$

$$\frac{1}{4}AD^2 + \frac{3}{4}AC^2 - \frac{3}{16}CD^2$$

又因为 $CD = 2BD$，$AB = AC$，所以

$$AE^2 = \frac{1}{4}AD^2 + \frac{3}{4}AC^2 - \frac{3}{4}BD^2 =$$

$$\frac{1}{4}AD^2 + \frac{3}{4}AB^2 - \frac{3}{4}BD^2 =$$

$$\frac{1}{4}AD^2 + \frac{3}{4}AD^2 + \frac{3}{2}AD \cdot DB + \frac{3}{4}BD^2 - \frac{3}{4}BD^2 =$$

$$AD^2 + \frac{3}{2}AD \cdot DB =$$

$$AD^2 + \frac{3}{4}AD \cdot CD =$$

$$AD^2 + AD \cdot DE =$$

$$AD(AD + DE)$$

如图 73.2 所示,延长 AD 到点 F,使得 $DE = DF$,联结 EF,因为 $AE^2 = AD(AD + DE)$,

所以

$$AE^2 = AD \cdot AF$$

所以

$$\frac{AD}{AE} = \frac{AE}{AF}$$

又因为

$$\angle DAE = \angle EAF$$

所以

$$\triangle DAE \backsim \triangle EAF$$

所以

$$\angle F = \angle AED$$

因为

$$DE = DF$$

所以

$$\angle ADE = 2\angle F = 2\angle AED$$

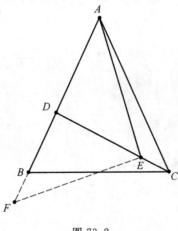

图 73.2

（此证法由万宇康提供.）

3. 叶军教授点评

本题非常巧妙地利用斯特瓦尔特定理求出证明相似的重要条件,利用相似证出角与角的关系,在这里,我们来给万宇康同学点赞!

三角方程的应用(1)
——2017 届叶班数学问题征解 074 解析

1. 问题征解 074

已知对一切 $x \in \mathbf{R}$,有 $\cos (a\sin x) > \sin (b\cos x)$,证明:$a^2 + b^2 < \dfrac{\pi^2}{4}$.

(叶军数学工作站编辑部提供,2018 年 11 月 24 日.)

2. 问题 074 解析

证明　假设存在 a,b,使得 $\sqrt{a^2 + b^2} \geqslant \dfrac{\pi}{2}$,考虑三角方程

$$a\sin x + b\cos x = \frac{\pi}{2}$$

$$\Leftrightarrow \sqrt{a^2 + b^2} \sin (x + \theta) = \frac{\pi}{2}$$

$$\Leftrightarrow \sin (x + \theta) = \frac{\dfrac{\pi}{2}}{\sqrt{a^2 + b^2}} \qquad (*)$$

由此可知

$$\text{方程}(*)\text{有实根} \Leftrightarrow \left| \frac{\dfrac{\pi}{2}}{\sqrt{a^2 + b^2}} \right| \leqslant 1 \Leftrightarrow \sqrt{a^2 + b^2} \geqslant \frac{\pi}{2}$$

由反设假设可得,方程 $(*)$ 有实根 x_0,则

$$a\sin x_0 = \frac{\pi}{2} - b\cos x_0$$

所以

$$\cos (a\sin x_0) = \cos \left(\frac{\pi}{2} - b\cos x_0 \right) = \sin (b\cos x_0)$$

与已知不等式相矛盾.

故 $\sqrt{a^2 + b^2} < \dfrac{\pi}{2}$,所以 $a^2 + b^2 < \dfrac{\pi^2}{4}$.

(此证法由万宇康提供.)

3. 叶军教授点评

本题非常巧妙地利用反证法构造出一个能推出矛盾的三角方程,读者可以用心体会其中的奥妙.

三角方程的应用(2)
——2017 届叶班数学问题征解 075 解析

1. 问题征解 075

已知 $0<\theta<\dfrac{2}{5}\pi$，$A\sin\theta=81$，$A\sin5\theta=31$，求 $A\sin2\theta$，$A\sin3\theta$，$A\sin4\theta$ 的值.

（叶军数学工作站编辑部提供，2018 年 12 月 1 日.）

2. 问题 075 解析

解析 因为

$\sin5\theta=\sin(2\theta+3\theta)=\sin2\theta\cos3\theta+\cos2\theta\sin3\theta=$

$\qquad 2\sin\theta\cos\theta\cdot(4\cos^3\theta-3\cos\theta)+(1-2\sin^2\theta)(3\sin\theta-4\sin^3\theta)=$

$\qquad 8\sin\theta\cos^4\theta-6\sin\theta\cos^2\theta+3\sin\theta-4\sin^3\theta-6\sin^3\theta+8\sin^5\theta=$

$\qquad 8\sin\theta(1-\sin^2\theta)^2-6\sin\theta(1-\sin^2\theta)+3\sin\theta-10\sin^3\theta+8\sin^5\theta=$

$\qquad 16\sin^5\theta-20\sin^3\theta+5\sin\theta$

所以

$$\frac{\sin5\theta}{\sin\theta}=16\sin^4\theta-20\sin^2\theta+5$$

所以

$$16\sin^4\theta-20\sin^2\theta+5=\frac{31}{81}$$

所以

$$16\sin^4\theta-20\sin^2\theta+\frac{374}{81}=0$$

解得

$$\sin\theta=\pm\frac{\sqrt{11}}{6}\text{ 或 }\pm\frac{\sqrt{34}}{6}$$

又因为 $0<\theta<\dfrac{2}{5}\pi$，所以 $0<\sin\theta<\sqrt{\dfrac{5+\sqrt5}{8}}$，所以

$$\sin\theta=\frac{\sqrt{11}}{6},\cos\theta=\frac{5}{6}$$

因为 $A=\dfrac{81}{\sin\theta}$，所以

$$A\sin2\theta=A\cdot2\sin\theta\cos\theta=162\cos\theta=135$$

$$A\sin3\theta=A\cdot(3\sin\theta-4\sin^3\theta)=81\cdot(3-4\sin^2\theta)=144$$

$$A\sin4\theta=A\cdot22\sin\theta\cos\theta\cdot(\cos^2\theta-\sin^2\theta)=$$

$$324\cos\theta \cdot (\cos^2\theta - \sin^2\theta) = 105$$

（此解法由万宇康提供.）

3. 叶军教授点评

本题是一道三角函数问题,万宇康同学通过把五倍角展开构造一个二元一次方程求解成功,值得点赞,本题还有一种非常好的几何解法,希望读者看后能思考一下,我们可以一起交流.

柯西不等式的应用
——2017届叶班数学问题征解076解析

1. 问题征解076

设 $a,b,c>0$，且 $ab+bc+ca=3$，求证：$\dfrac{1}{1+a^2}+\dfrac{1}{1+b^2}+\dfrac{1}{1+c^2}\geqslant\dfrac{3}{2}$.

（叶军数学工作站编辑部提供，2018年12月8日.）

2. 问题076解析

证明　因为

$$\frac{1}{1+a^2}+\frac{1}{1+b^2}+\frac{1}{1+c^2}\geqslant\frac{3}{2}$$

$$\Leftrightarrow\frac{1}{1+a^2}-1+\frac{1}{1+b^2}-1+\frac{1}{1+c^2}-1\geqslant\frac{3}{2}-3$$

$$\Leftrightarrow\frac{a^2}{1+a^2}+\frac{b^2}{1+b^2}+\frac{c^2}{1+c^2}\leqslant\frac{3}{2}$$

$$\Leftrightarrow\frac{3a^2}{3+3a^2}+\frac{3b^2}{3+3b^2}+\frac{3c^2}{3+3c^2}\leqslant\frac{3}{2}$$

$$\Leftrightarrow\frac{3a^2}{ab+bc+ca+3a^2}+\frac{3b^2}{ab+bc+ca+3b^2}+\frac{3c^2}{ab+bc+ca+3c^2}\leqslant\frac{3}{2}$$

由柯西不等式知

$$\sum\frac{3a^2}{ab+bc+ca+3a^2}=\sum\frac{3a^2}{a(a+b+c)+(2a^2+bc)}\leqslant$$

$$\frac{3}{4}\left[\sum\frac{a^2}{a(a+b+c)}+\frac{a^2}{2a^2+bc}\right]=$$

$$\frac{3}{4}+\frac{3}{4}\left(\sum\frac{a^2}{2a^2+bc}\right)$$

所以只需证

$$\frac{3}{4}+\frac{3}{4}\left(\sum\frac{a^2}{2a^2+bc}\right)\leqslant\frac{3}{2}\Leftrightarrow\sum\frac{a^2}{2a^2+bc}\leqslant1\Leftrightarrow\sum\frac{bc}{2a^2+bc}\geqslant1$$

由柯西不等式可知

$$\sum\frac{bc}{2a^2+bc}=\sum\frac{(bc)^2}{2a^2bc+(bc)^2}\geqslant\frac{\left(\sum bc\right)^2}{\sum\left[2a^2bc+(bc)^2\right]}=1$$

得证.

（此证法由万宇康提供.）

3. 叶军教授点评

(1) 本题主要考查柯西不等式的应用,有一定难度,尤其是几个不等式的变形.

(2) 用柯西不等式证明一些不等式,常常需要构造一个合适的式子,这个式子既要利用已知条件,又要能使不等式简化,所以能否构造合适的式子是解题的关键.

(3) 形如本题的对称问题还有很多,例如:

① 设正实数 a,b,c 满足 $ab+bc+ca=\dfrac{1}{3}$,证明:$\dfrac{a}{a^2-bc+1}+\dfrac{b}{b^2-ca+1}+\dfrac{c}{c^2-ab+1}\geqslant\dfrac{1}{a+b+c}$.

证明 显然原不等式左边各分母为正数,由柯西不等式得

$$\frac{a}{a^2-bc+1}+\frac{b}{b^2-ca+1}+\frac{c}{c^2-ab+1}=\frac{a^2}{a^3-abc+a}+\frac{b^2}{b^3-abc+b}+\frac{c^2}{c^3-abc+c}\geqslant$$

$$\frac{(a+b+c)^2}{a^3+b^3+c^3+a+b+c-3abc}=$$

$$\frac{(a+b+c)^2}{(a+b+c)(a^2+b^2+c^2-ab-bc-ca+1)}=$$

$$\frac{a+b+c}{a^2+b^2+c^2-ab-bc-ca+1}=$$

$$\frac{a+b+c}{a^2+b^2+c^2+2(ab+bc+ca)}=$$

$$\frac{1}{a+b+c}$$

②(第 31 届 IMO 预选题) 设 $a,b,c,d\in\mathbf{R}_+,ab+bc+cd+da=1$,求证:$\dfrac{a^3}{b+c+d}+\dfrac{b^3}{c+d+a}+\dfrac{c^3}{d+a+b}+\dfrac{d^3}{a+b+c}\geqslant\dfrac{1}{3}$.

证明 由柯西不等式有

$$\frac{a^3}{b+c+d}+\frac{b^3}{c+d+a}+\frac{c^3}{d+a+b}+\frac{d^3}{a+b+c}=$$

$$\frac{(a^2)^2}{ab+ac+ad}+\frac{(b^2)^2}{bc+bd+ab}+\frac{(c^2)^2}{cd+ac+bc}+\frac{(d^2)^2}{ad+bd+cd}\geqslant$$

$$\frac{(a^2+b^2+c^2+d^2)^2}{2(ab+ac+ad+bc+bd+cd)}=\frac{(a^2+b^2+c^2+d^2)^2}{2(1+ac+bd)}$$

因为

$$a^2+b^2+c^2+d^2=\frac{a^2+b^2}{2}+\frac{b^2+c^2}{2}+\frac{d^2+a^2}{2}+\frac{c^2+d^2}{2}\geqslant$$

$$ab+bc+cd+da=1$$

及

$$a^2+b^2+c^2+d^2=(a^2+c^2)+(b^2+d^2)\geqslant2ac+2bd$$

所以

$$\frac{(a^2+b^2+c^2+d^2)^2}{2(1+ac+bd)}\geqslant\frac{a^2+b^2+c^2+d^2}{2(1+ac+bd)}=$$

$$\frac{1}{3} \cdot \frac{2(a^2 + b^2 + c^2 + d^2) + (a^2 + b^2 + c^2 + d^2)}{2(1 + ac + bd)} \geqslant$$

$$\frac{1}{3} \cdot \frac{2 + 2(ac + bd)}{2(1 + ac + bd)} = \frac{1}{3}$$

舒尔不等式的应用
——2017 届叶班数学问题征解 077 解析

1. 问题征解 077

设 a,b,c 都是正数,求证:$\dfrac{a+b+c}{3}-\sqrt[3]{abc} \leqslant \max\{(\sqrt{a}-\sqrt{b})^2,(\sqrt{b}-\sqrt{c})^2,(\sqrt{c}-\sqrt{a})^2\}$.

(叶军数学工作站编辑部提供,2018 年 12 月 15 日.)

2. 问题 077 解析

证明 令

$$a=x^6,b=y^6,c=z^6$$

则

$$\max\{(\sqrt[3]{a}-\sqrt{b})^2,(\sqrt{b}-\sqrt{c})^2,(\sqrt{c}-\sqrt{a})^2\} \geqslant \frac{1}{3}[(x^3-y^3)^2+(y^3-z^3)^2+(z^3-x^3)^2]$$

由均值不等式

$$x^4y^2+x^2y^4 \geqslant 2x^3y^3$$

可得

$$x^4y^2+x^2y^4+y^4z^2+y^2z^4+x^4z^2+x^2z^4 \geqslant 2(x^3y^3+y^3z^3+z^3x^3)$$

由舒尔不等式可得

$$x^6+y^6+z^6+3x^2y^2z^2 \geqslant x^4y^2+x^2y^4+y^4z^2+y^2z^4+z^4x^2+z^2x^4 \geqslant$$
$$2(x^3y^3+y^3z^3+z^3x^3)$$
$$\Leftrightarrow 2(x^6+y^6+z^6-x^3y^3-y^3z^3-z^3x^3) \geqslant x^6+y^6+z^6-3x^2y^2z^2$$
$$\Leftrightarrow (\sqrt{a}-\sqrt{b})^2+(\sqrt{b}-\sqrt{c})^2+(\sqrt{c}-\sqrt{a})^2 \geqslant a+b+c-3\sqrt[3]{abc}$$
$$\Leftrightarrow \frac{a+b+c}{3}-\sqrt[3]{abc} \leqslant \max\{(\sqrt{a}-\sqrt{b})^2,(\sqrt{b}-\sqrt{c})^2,(\sqrt{c}-\sqrt{a})^2\}$$

(此证法由吴洋昊提供.)

3. 叶军教授点评

(1)本题主要考查不等式的应用,吴洋昊同学利用舒尔不等式求证成功,值得点赞!

(2)**定理 1** 设 x,y,z 是非负实数,r 是正实数,有 $x^r(x-y)(x-z)+y^r(y-x)(y-z)+z^r(z-x)(z-y) \geqslant 0$,等号成立当且仅当 $x=y=z$ 或 x,y,z 中一个为 0,另外两个相等,这就是舒尔不等式.

(3)在定理 1 的不等式中取 $r=1$,得 $x(x-y)(x-z)+y(y-x)(y-z)+z(z-x)(z-y) \geqslant 0$,对任意非负实数 x,y,z 成立,取等条件同定理 1,它也常写成:

① $\sum\limits_{cyc} x^3 + 3xyz \geqslant \sum\limits_{sym} x^2 y$；$(\sum\limits_{sym} x^2 y = x^2 y + xy^2 + y^2 z + yz^2 + z^2 x + zx^2)$.

② $\left(\sum x\right)^3 - 4\left(\sum x\right)\left(\sum yz\right) + 9xyz \geqslant 0$，如果令 $p = x + y + z, q = xy + yz + zx$，

$r = xyz$，也可表示为 $p^3 - 4pq + 9r \geqslant 0$.

取 $r = 2, p, q, r$ 定义同上，有 $p^4 - 5p^2 q + 4q^2 + 6pr \geqslant 0$.

同余方程中的阶(1)
——2017 届叶班数学问题征解 078 解析

1. 问题征解 078

求所有正整数对 (m,n)，使得 $mn \mid (3^m+1,3^n+1)$.

（叶军数学工作站编辑部提供，2018 年 12 月 22 日.）

2. 问题 078 解析

解析 显然 $(m,n)=(1,1),(1,2),(2,1)$ 符合要求.

当 $m \geqslant 2, n \geqslant 2$ 时，令 p 为 m 的最小质因数，则由

$$p \mid m, mn \mid 3^m+1 \Rightarrow p \mid 3^m+1 \Rightarrow 3^m \equiv -1 (\bmod\ p)$$
$$\Rightarrow 3^{2m} \equiv 1 (\bmod\ p) \qquad\qquad ①$$

其中 $p \neq 3$，又由费马小定理可得

$$3^{p-1} \equiv 1 (\bmod\ p) \qquad\qquad ②$$

设 x_0 为 3 对模 p 的阶，则

$$x_0 \mid 2m, x_0 \mid p-1 \Rightarrow x_0 \mid (2m, p-1)$$

因为 p 是 m 的最小质因数，所以

$$(m, p-1) = 1$$

所以

$$(2m, p-1) = (2, p-1) = 1 \text{ 或 } 2$$

当 $(2m, p-1)=1$ 时，$x_0 = 1$，所以

$$3 \equiv 1 (\bmod\ p)$$

所以

$$p = 2$$

当 $(2m, p-1)=2$ 时，$x_0 = 1$ 或 $2 \Rightarrow 3 \equiv 1 (\bmod\ p)$ 或 $3^2 \equiv 1 (\bmod\ p) \Rightarrow p = 2$

由对称性知，n 的最小质因数也为 2，故 m, n 均为偶数，所以

$$4 \mid mn \Rightarrow 4 \mid 3^m+1 \qquad\qquad ③$$

但 $3^m+1 \equiv (-1)^m+1 \equiv 2 (\bmod\ 4)$，这与 ③ 相矛盾，所以，$m, n$ 中至少有一个是 1.

当 $m=1$ 时，$n \mid (4, 3^n+1)$，所以 $n=1, 2, 4$.

当 $n=1$ 时，显然 $(m,n)=(1,1)$ 符合要求；

当 $n=2$ 时，显然 $2 \mid (4, 3^2+1)$，所以 $(m,n)=(1,2)$ 符合要求；

当 $n=4$ 时，$4 \mid (4, 3^4+1)=2$ 不成立.

综上所述，由对称性，符合要求的所有正整数对为

$$(m,n) = (1,1), (1,2), (2,1)$$

（此解法由万宇康提供.）

3. 叶军教授点评

（1）本题是一道经典的同余问题，同学们应仔细领悟其中阶引入的作用.

（2）下面，我们来看一道简单的有关阶应用的问题.

设 p 是质数，q 是 2^p-1 的质因数，求证：$q > p$.

证明　当 $p = 2$ 时，$q = 3$，$q > p$.

当 p 为奇质数时，因为 $q \mid 2^p - 1$，所以 $2^p \equiv 1 \pmod{q}$，q 为奇质数，所以

$$(q, 2) = 1 \Rightarrow 2^{q-1} \equiv 1 \pmod{q}$$

设 x 为 2 对模 q 的阶，则

$$x \mid p, \quad x \mid q - 1$$

所以

$$x \mid (p, q - 1)$$

若 $p \geqslant q$，则 $(p, q-1) = 1$，所以 $x = 1$，即 $2^1 \equiv 1 \pmod{q}$ 矛盾，所以 $p < q$.

我们发现阶的引入让两个同余方程更加紧密地联系在了一起，很多证明题，往往可以利用引入阶来推矛盾.

同余方程中的阶(2)
——2017 届叶班数学问题征解 079 解析

1. 问题征解 079

是否存在正整数 n 使得(1)(2)同时成立：

(1) $103 \mid n$；

(2) $2^{2n+1} \equiv 2 \pmod{n}$.

（叶军数学工作站编辑部提供，2018 年 12 月 29 日.）

2. 问题 079 解析

解析　假设存在正整数 n 使得(1)(2)同时成立，因为 103 是质数，故由费马小定理有

$$2^{102} \equiv 1 \pmod{103}$$

设 x_0 为 2 对模 103 的阶，则

$$x_0 \mid 102$$

经检验可得

$$x_0 = 51$$

由

$$103 \mid n, n \mid 2(2^{2n}-1) \Rightarrow 103 \mid 2^{2n}-1 \Leftrightarrow 2^{2n} \equiv 1 \pmod{103}$$

所以

$$51 \mid 2n \Rightarrow 51 \mid n$$

因为

$$17 \mid 51$$

所以

$$17 \mid n$$

从而

$$17 \mid 2(2^{2n}-1) \Rightarrow 17 \mid 2^{2n}-1 \Leftrightarrow 2^{2n} \equiv 1 \pmod{17}$$

而 2 模 17 的阶数为 8，故

$$8 \mid 2n \Rightarrow 4 \mid n$$

又因为

$$n \mid 2(2^{2n}-1)$$

所以 $2 \mid 2^{2n}-1$，矛盾.

　　故假设不成立，即不存在正整数 n 使得(1)(2)同时成立.

（此解法由万宇康提供.）

3. 叶军教授点评

(1) 本题利用阶将同余方程的解联系起来，从而推出矛盾，这是一种在数论中常见的推

矛盾的方法,希望同学们可以用心体会.

(2)对初中同学而言,弄清楚阶的意义尤为重要,在某些整除式,同余式中均可以用到阶,比如下面这道例题:

设 $k \geqslant 2, n_1, n_2, \cdots, n_k \in \mathbf{N}^*, n_2 \mid 2^{n_1}-1, n_3 \mid 2^{n_2}-1, \cdots, n_k \mid 2^{n_{k-1}}-1, n_1 \mid 2^{n_k}-1$,证明:$n_1 = n_2 = \cdots = n_k = 1$.

证明 若不然,不妨设 $n_1 > 1$,则

$$2^{n_k}-1 \geqslant n_1 > 1 \Rightarrow n_k > 1$$

所以

$$2^{n_{k-1}}-1 \geqslant n_k > 1$$

所以 $n_i > 1, i = 1, 2, \cdots, k$.

设 n_i 的最小质因数为 p_i,则 $p_i \geqslant 3$,因为 n_i 均为奇数.

$$2^{p_2-1} \equiv 1 (\bmod p_2)$$

因为

$$p_2 \mid n_2, n_2 \mid 2^{n_1}-1$$

所以

$$2^{n_1} \equiv 1 (\bmod p_2)$$

设 2 对模 p_2 的阶为 x,则

$$x \mid p_2-1, x \mid n_1$$

所以

$$p_1 \leqslant x \leqslant p_2-1 < p_2$$

所以

$$p_1 < p_2$$

同理 $p_2 < p_3, p_3 < p_4, \cdots, p_{n-1} < p_n, p_n < p_1$,矛盾.

故 $n_1 = n_2 = \cdots = n_k = 1$.

巧用积分证求和问题
——2017 届叶班数学问题征解 080 解析

1. 问题征解 080

证明：$\sum_{k=0}^{n} (-1)^{k} C_{n}^{k} \dfrac{1}{1+k+m} = \sum_{k=0}^{m} (-1)^{k} C_{m}^{k} \dfrac{1}{1+k+n}.$

（叶军数学工作站编辑部提供，2019 年 1 月 5 日.）

2. 问题 080 解析

证明　因为

$$(x^{k+m+1})' = (k+m+1) x^{k+m}$$

所以

$$\left(\dfrac{x^{k+m+1}}{1+k+m} \right)' = x^{k+m}$$

从而

$$\int_{0}^{1} x^{k+m} \mathrm{d}x = \dfrac{1}{1+k+m}$$

所以

$$\sum_{k=0}^{n} (-1)^{k} C_{n}^{k} \dfrac{1}{1+k+m} = \sum_{k=0}^{n} (-1)^{k} C_{n}^{k} \int_{0}^{1} x^{k+m} \mathrm{d}x =$$

$$\sum_{k=0}^{n} \int_{0}^{1} \left[(-1)^{k} C_{n}^{k} x^{k+m} \right] \mathrm{d}x =$$

$$\int_{0}^{1} \left(\sum_{k=0}^{n} (-1)^{k} C_{n}^{k} x^{k+m} \right) \mathrm{d}x$$

由二项式定理得

$$\sum_{k=0}^{n} (-1)^{k} C_{n}^{k} x^{k+m} = x^{m} \sum_{k=0}^{n} \left[C_{n}^{k} (-x)^{k} \cdot 1^{n-k} \right] = x^{m} (1-x)^{n}$$

从而

$$\sum_{k=0}^{n} (-1)^{k} C_{n}^{k} \dfrac{1}{1+k+m} = \int_{0}^{1} x^{m} (1-x)^{n} \mathrm{d}x$$

同理

$$\sum_{k=0}^{n} (-1)^{k} C_{m}^{k} \dfrac{1}{1+k+n} = \int_{0}^{1} x^{n} (1-x)^{m} \mathrm{d}x$$

令

$$f(x) = x^{m} (1-x)^{n}, g(x) = x^{n} (1-x)^{m}$$

则 $f(1-x) = g(x)$，即 $f(x)$ 与 $g(x)$ 的图像关于直线 $x = \dfrac{1}{2}$ 对称，故

$$\int_0^1 x^m (1-x)^n \mathrm{d}x = \int_0^1 x^n (1-x)^m \mathrm{d}x$$

所以

$$\sum_{k=0}^n (-1)^k C_n^k \frac{1}{1+k+m} = \sum_{k=0}^m (-1)^k C_m^k \frac{1}{1+k+n}$$

（此证法由万宇康提供.）

3. 叶军教授点评

本题非常巧妙地用积分将分式处理掉,读者可以仔细体会其中的乐趣.

三角形九点圆问题
——2017 届叶班数学问题征解 081 解析

1. 问题征解 081

如图 81.1 所示, H 为 $\triangle ABC$ 的垂心, M_1, M_2, M_3 分别为 $\triangle ABH, \triangle ACH, \triangle BCH$ 的重心, 证明: AM_3, BM_2, CM_1 交于一点, 且该点为 $\triangle ABC$ 九点圆圆心.

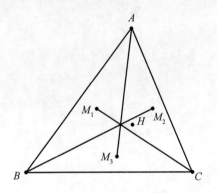

图 81.1

(叶军数学工作站编辑部提供, 2019 年 1 月 12 日.)

2. 问题 081 解析

证明 如图 81.2 所示, 联结 AH, BH, CH, 设 P, Q, R 分别为 BH, CH, BC 的中点, 联结 PQ, PR, QR, 设 D' 为 $\triangle PQR$ 的外心.

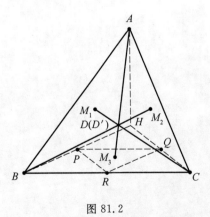

图 81.2

因为 H 是 $\triangle ABC$ 的垂心, 所以
$$HA \perp BC, BA \perp CH, CA \perp HB$$
所以 A 是 $\triangle HBC$ 的垂心.

又因为 M_3 是 $\triangle HBC$ 的重心,所以 AM_3 是 $\triangle HBC$ 的欧拉线.

因为 P,Q,R 分别为 BH,CH,BC 的中点,D' 为 $\triangle PQR$ 的外心,所以 D' 是 $\triangle HBC$ 的九点圆圆心,也是 $\triangle ABC$ 的九点圆圆心,从而 D' 在 AM_3 上,同理 D' 在 BM_2 上,D' 在 CM_1 上.

所以 AM_3,BM_2,CM_1 交于点 D',则 D 与 D' 重合,故 AM_3,BM_2,CM_1 交于点 D,且 D 为 $\triangle ABC$ 九点圆圆心.

(此证法由万宇康提供.)

3. 叶军教授点评

(1) 本题实际上用位似去证思路会比较清晰,只是写起来比较复杂,万宇康同学通过九点圆与欧拉线的一些结论求证成功,值得点赞!

(2) 关于九点圆还有如下一些结论:

结论 1:三角形的四个切圆(内切圆和三个旁切圆)与其九点圆相切,垂心组有四个三角形,故有 16 个切圆与此九点圆相切.

结论 2:垂心组的两个三角形的外心与已知垂心组各点,关于九点圆圆心对称,三角形的垂心组与其外心构成的垂心组有同一九点圆.

结论 3:垂心组的九点圆与此重心所成的另一垂心组的九点圆同心.

组合恒等式的证明
——2017 届叶班数学问题征解 082 解析

1. 问题征解 082

试计算 $\sum\limits_{k=0}^{\left[\frac{n-1}{2}\right]} (-1)^k C_{n+1}^k C_{2n-1-2k}^n$ 的值.

（叶军数学工作站编辑部提供，2019 年 1 月 19 日.）

2. 问题 082 解析

解析 构造如下组合模型：

有 $n+1$ 个口袋，装入一些球，其中每个大球重 2 克，每个小球重 1 克，要求装入的球共重 $n-1$ 克，且每个口袋至多允许装一个大球.

如果共装入 k 个大球，则需要装入 $n-1-2k$ 个小球，装大球的方法有 C_{n+1}^k 种，装小球的方法有 $C_{n+1+(n-1-2k)-1}^{n-1-2k} = C_{2n-1-2k}^n$ 种，也就是说，方法数是 $C_{n+1}^k C_{2n-1-2k}^n$，因此，原式等于共有偶数个大球的方法数减去共有奇数个大球的方法数.

另一方面，对于任意一种至少有一个口袋里的总重量不少于 2 克的方法，从左到右观察第一个总质量不小于 2 克的袋子，如果有大球，则换成两个小球；如果没有大球，则把两个小球换成一个大球，这样就把共有偶数个大球的方法数和共有奇数个大球的方法数基本进行了一一对应，例外是没有一个口袋里的总质量不小于 2 克，则均为小球且每个口袋一个，方法数为 $C_{n+1}^{n-1} = \dfrac{n(n+1)}{2}$.

所以 $\sum\limits_{k=0}^{\left[\frac{n-1}{2}\right]} (-1)^k C_{n+1}^k C_{2n-1-2k}^n = \dfrac{n(n+1)}{2}$.

（此解法由万宇康提供.）

3. 叶军教授点评

解决组合问题的关键在于构造组合模型，本题是构造了一个组合计数问题，对学生的创造能力要求较强.

齐次不等式的证明
——2017届叶班数学问题征解083解析

1. 问题征解083

设 a,b,c 是正实数,求证:$\dfrac{(2a+b+c)^2}{2a^2+(b+c)^2}+\dfrac{(a+2b+c)^2}{2b^2+(c+a)^2}+\dfrac{(a+b+2c)^2}{2c^2+(a+b)^2}\leqslant 8.$

(叶军数学工作站编辑部提供,2019年1月29日.)

2. 问题083解析

解析　因为左边的式子是齐次的,所以不妨设 $a+b+c=3$,于是只需证明

$$\frac{(a+3)^2}{2a^2+(3-a)^2}+\frac{(b+3)^2}{2b^2+(3-b)^2}+\frac{(c+3)^2}{2c^2+(3-c)^2}\leqslant 8$$

令

$$f(x)=\frac{(x+3)^2}{2x^2+(3-x)^2},x\in \mathbf{R}_+$$

则

$$f(x)=\frac{x^2+6x+9}{3(x^2-2x+3)}=\frac{1}{3}\left[1+\frac{8x+6}{(x-1)^2+2}\right]\leqslant \frac{1}{3}\left(1+\frac{8x+6}{2}\right)=\frac{1}{3}(4x+4)$$

所以

$$f(a)+f(b)+f(c)\leqslant \frac{1}{3}(4a+4)+\frac{1}{3}(4b+4)+\frac{1}{3}(4c+4)=8$$

(此解法由万宇康提供.)

3. 叶军教授点评

(1) 本题的关键在于看出原不等式左边为齐次不等式以后的不妨设 $a+b+c=3$,读者应该弄清楚这里为什么可以这么操作.

(2) 例如在证明:当 $a,b,c>0,3(a^2+b^2+c^2)\geqslant (a+b+c)^2$ 时,我们可以不妨设 $abc=1$ 或 $a+b+c=1$.

因为

$$原不等式\Leftrightarrow 3\left[\left(\frac{a}{a+b+c}\right)^2+\left(\frac{b}{a+b+c}\right)^2+\left(\frac{c}{a+b+c}\right)^2\right]\geqslant 1 \qquad (*)$$

令

$$x=\frac{a}{a+b+c},y=\frac{b}{a+b+c},z=\frac{c}{a+b+c}$$

则

$$(*)\Leftrightarrow 3(x^2+y^2+z^2)\geqslant 1$$

且

$$x + y + z = 1$$

即与设 $a + b + c = 1$,原不等式 $\Leftrightarrow 3(a^2 + b^2 + c^2) \geqslant 1$ 形式一样.

(3) 设

$$abc = k \quad (\text{以齐三次对称式为例})$$

则

$$\frac{a}{\sqrt[3]{k}} \cdot \frac{b}{\sqrt[3]{k}} \cdot \frac{c}{\sqrt[3]{k}} = 1$$

原不等式 $\Leftrightarrow$ 用 $\dfrac{a}{\sqrt[3]{k}}, \dfrac{b}{\sqrt[3]{k}}, \dfrac{c}{\sqrt[3]{k}}$ 这三个分别代替 a, b, c 所得不等式.

设 $a + b + c = k$,则

$$\frac{a}{k} + \frac{b}{k} + \frac{c}{k} = 1$$

则原不等式 $\Leftrightarrow$ 用 $\dfrac{a}{k}, \dfrac{b}{k}, \dfrac{c}{k}$ 这三个分别代替 a, b, c 所得不等式.

密克尔点与四点共圆
——2017 届叶班数学问题征解 084 解析

1. 问题征解 084

如图 84.1 所示,在 $\triangle ABC$ 中,$AD \perp BC$ 于点 D,$DF \perp AB$ 于点 F,$DE \perp AC$ 于点 E,联结 FC,EB 交于点 P,联结 FE 与 BC 延长线交于点 G,求证:$DP \perp AG$.

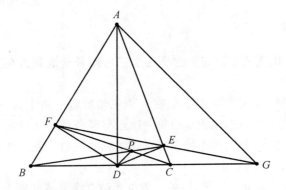

图 84.1

(叶军数学工作站编辑部提供,2019 年 2 月 2 日.)

2. 问题 084 解析

证明 如图 84.2 所示,作 $\triangle ABC$,$\triangle GCE$,$\triangle AEF$ 的外接圆,交于点 S,则可证 S 在 AG 上,联结 FS,BS,ES,CS,因为 $\angle BFS = 90° + \angle DFS$,$\angle DFS + \angle DES = 180°$,所以易证 $\triangle SFB \backsim \triangle SEC$.

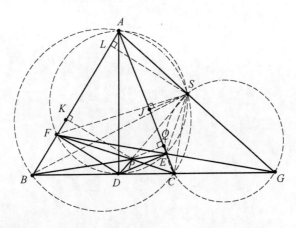

图 84.2

作 $PK \perp AB$ 于点 K，$SL \perp AB$ 于点 L，$PQ \perp AC$ 于点 Q，$SJ \perp AC$ 于点 J，联结 PS，显然 $\triangle SLF \backsim \triangle SJE$，所以

$$\frac{LF}{JE} = \frac{SF}{SE} = \frac{BF}{EC} = \frac{KF}{QE}$$

所以 D,P,S 共线，因为

$$AD^2 = AE \cdot AC = AS \cdot AG$$

所以

$$DS \perp AG$$

所以

$$DP \perp AG$$

（此证法由叶志文提供.）

3. 叶军教授点评

（1）完全四边形中的密克尔点完美的将几个三角形紧密地联系在了一起，学生应该掌握好图形中的各种共圆.

（2）在三角形中同样有密克尔定理：设在一个三角形每一边上取一点（可在一条边、两条边或三条边的延长线上取），过三角形的每一项点与两条邻边所取的点作圆，若这三个圆共点. 这个点就是密克尔点，每一边上所取三点联结成的三角形就是密克尔三角形，三个圆称为密克尔圆.

（3）在完全四边形的密克尔定理：四条一般位置的直线形成的四个三角形，它们的外接圆共点. 该点称为完全四边形的密克尔点，并且该点在完全四边形各边的射影共线，此线称为完全四边形的西姆松线.

下凸函数的最值问题
——2017届叶班数学问题征解085解析

1. 问题征解 085

求对任意实数 x，使得 $\sin^n x + \cos^n x \geqslant \dfrac{1}{n}$ 成立的最大正整数 n．

（叶军数学工作站编辑部提供，2019 年 2 月 9 日）

2. 问题 085 解析

解析　根据下凸函数的性质可知

$$\frac{1}{2}\left[f(x_1)+f(x_2)\right] \geqslant f\!\left(\frac{x_1+x_2}{2}\right)$$

令

$$f(x)=x^p \quad (x>0, p \text{ 为正整数且 } p \geqslant 2)$$

则有

$$\frac{1}{2}(x_1^p+x_2^p) \geqslant \left(\frac{x_1+x_2}{2}\right)^p \qquad ①$$

依题意可得，n 为偶数，令

$$n=2k \quad (k \in \mathbf{N}^*)$$

由于

$$\frac{1}{2}(\sin^n x+\cos^n x)=\frac{1}{2}(\sin^{2k}x+\cos^{2k}x)=$$

$$\frac{1}{2}\left[(\sin^2 x)^k+(\cos^2 x)^k\right] \geqslant$$

$$\left(\frac{\sin^2 x+\cos^2 x}{2}\right)^k=\left(\frac{1}{2}\right)^k$$

即

$$\sin^n x+\cos^n x \geqslant \left(\frac{1}{2}\right)^{k-1} \qquad ②$$

欲使 $\sin^n x+\cos^n x \geqslant \dfrac{1}{n}$ 恒成立，只需

$$\left(\frac{1}{2}\right)^{k-1} \geqslant \frac{1}{n}=\frac{1}{2k}$$

即

$$\left(\frac{1}{2}\right)^{k-1} \geqslant \frac{1}{2k}, k \in \mathbf{N}^* \qquad ③$$

由式 ③ 易知 $k \leqslant 4$，由 $n=2k \Rightarrow n \leqslant 8$，经检验当 $n=8$ 时原不等式恒成立，故使原不等式恒成

立的最大正整数 $n = 8$.

（此解法由叶志文提供.）

3.叶军教授点评

（1）关于凸函数,有许多有趣的结论,学生在解决这类型问题时,应该首先弄清楚题目中给定的函数是上凸还是下凸的,并利用这些函数的性质解决问题.

（2）单单利用上凸、下凸函数的定义就可以求出一些比较漂亮的不等式问题了,简单又不失其意义,如下面这道例题:

证明:函数 $f(x) = \sqrt{x}$ 在区间 $[0, +\infty)$ 上是上凸函数,当 $0 \leqslant x_1 < x < x_2$ 时,有 $\sqrt{x} > \sqrt{x_1} + \dfrac{\sqrt{x_2} - \sqrt{x_1}}{x_2 - x_1}(x - x_1)$.

证明　当 $0 \leqslant x_1 < x < x_2$ 时,有

$$\frac{1}{\sqrt{x} + \sqrt{x_1}} > \frac{1}{\sqrt{x_2} + \sqrt{x_1}} > \frac{1}{\sqrt{x_2} + \sqrt{x}}$$

亦有

$$\frac{\sqrt{x} - \sqrt{x_1}}{x - x_1} > \frac{\sqrt{x_2} - \sqrt{x_1}}{x_2 - x_1} > \frac{\sqrt{x_2} - \sqrt{x}}{x_2 - x} \qquad (*)$$

即

$$\frac{\sqrt{x} - \sqrt{x_1}}{x - x_1} > \frac{\sqrt{x_2} - \sqrt{x}}{x_2 - x} \Leftrightarrow \frac{f(x) - f(x_1)}{x - x_1} > \frac{f(x_2) - f(x)}{x_2 - x}$$

所以函数 $f(x) = \sqrt{x}$ 在区间 $[0, +\infty)$ 上是上凸函数,式 $(*)$ 一二项整理即得要证式子.

（3）凸函数最重要的一个结论就是琴生不等式,该不等式会在后文中出现.

圆中的相似问题
——2017届叶班数学问题征解086解析

1. 问题征解086

如图86.1所示，D是$\triangle ABG$外接圆圆T上一点，C是B关于AD的对称点，圆(AGC)再次交AD于F，S是AF的中点，$SK \perp TS$，且SK交直线BG于点K，求证：DK是圆T的切线.

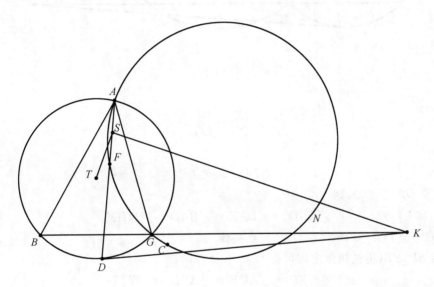

图86.1

（叶军数学工作站编辑部提供，2019年2月16日.）

2. 问题086解析

证明 如图86.2所示，设AC交圆T于点E，联结DE，GE，GF，GC，作$TW \perp AD$于W，延长DC交圆(AGC)于点N，联结FN交FD的垂直平分线HP于点P，则

$$FP = PD$$

由

$$\triangle NDF \backsim \triangle ADC \Rightarrow \angle DFP = \angle DCE \Rightarrow \triangle DEC \backsim \triangle PFD$$

所以

$$\frac{EC}{DF} = \frac{DE}{DP}$$

联结GP，由$\angle ABD = \angle ACD = \angle ADP$可推出$DP$是过点$D$圆$T$的切线，由弦切角定理可得

$$\angle GDP = \angle DEG$$

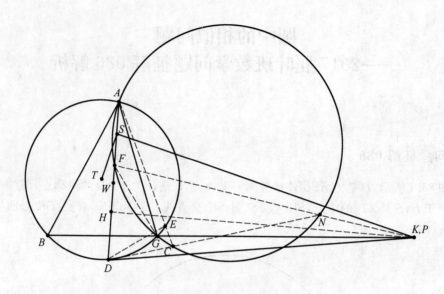

图 86.2

因为

$$\frac{EC}{DF} = \frac{EG}{DG} \Rightarrow \frac{DE}{EG} = \frac{DP}{DG}$$

所以

$$\triangle DEG \backsim \triangle DPG$$

延长 EG 交 DP 于点 Q,则

$$\angle QGD = \angle DAE = \angle BAD = \angle BGD$$

故 $\angle BGD + \angle DGP = 180°, B, G, P$ 三点共线.

联结 SP, ST,由弦切角定理可得

$$\angle HFP = \angle ADP = \angle ABD = \angle WTD$$

所以

$$\triangle TWD \backsim \triangle FHP$$

所以

$$\frac{WD}{HP} = \frac{TD}{FP}$$

即

$$\frac{SH}{HP} = \frac{TD}{DP}$$

所以

$$\triangle TDP \backsim \triangle SHP$$

所以

$$\angle SPT = \angle HPD = \angle FPH$$

且

$$\frac{SP}{TP} = \frac{HP}{DP} = \frac{HP}{FP}$$

所以

$$\triangle TSP \backsim \triangle FHP$$

所以 $TS \perp SP$，因此 SP, TP, HP, BG, DP 共点 P，即 P 与 K 重合，所以 DK 为圆 T 的切线.

（此证法由叶志文提供.）

3. 叶军教授点评

圆中的相似问题可以说是所有难题的基础，想只用相似与四点共圆解决一道难题并不是那么简单，但同样的，只有把基础打扎实，学生对一道几何题才会有更好的认识，所以我们建议初中的同学多用相似与四点共圆去解决问题.

三倍角公式的运用
——2017 届叶班数学问题征解 087 解析

1. 问题征解 087

计算：

(1) $S_1 = \sin^6 20° + \sin^6 40° + \sin^6 80°$；

(2) $S_2 = \cos^6 20° + \cos^6 40° + \cos^6 80°$.

（叶军数学工作站编辑部提供，2019 年 2 月 18 日.）

2. 问题 087 解析

解析 （1）利用三倍角公式 $\sin 3x = 3\sin x - 4\sin^3 x$，得

$$4\sin^3 20° = 3\sin 20° - \frac{\sqrt{3}}{2}$$

所以

$$16\sin^6 20° = 9\sin^2 20° - 3\sqrt{3}\sin 20° + \frac{3}{4}$$

同理

$$16\sin^6 40° = 9\sin^2 40° - 3\sqrt{3}\sin 40° + \frac{3}{4}$$

$$16\sin^6 80° = 9\sin^2 80° + 3\sqrt{3}\sin 80° + \frac{3}{4}$$

所以

$$16S_1 = 9(\sin^2 20° + \sin^2 40° + \sin^2 80°) - 3\sqrt{3}(\sin 20° + \sin 40° - \sin 80°) + \frac{9}{4} =$$

$$\frac{9}{2}(3 - \cos 40° - \cos 80° + \cos 20°) + \frac{9}{4} =$$

$$\frac{27}{2} + \frac{9}{4} =$$

$$\frac{63}{4}$$

所以 $S_1 = \frac{63}{64}$.

（2）利用三倍角公式 $\cos 3x = 4\cos^3 x - 3\cos x$ 得

$$4\cos^3 20° = 3\cos 20° + \frac{1}{2}$$

$$4\cos^3 40° = 3\cos 40° - \frac{1}{2}$$

$$4\cos^3 80° = 3\cos 80° - \frac{1}{2}$$

所以

$$16\cos^6 20° = 9\cos^2 20° + 3\cos 20° + \frac{1}{4}$$

$$16\cos^6 40° = 9\cos^2 40° - 3\cos 40° + \frac{1}{4}$$

$$16\cos^6 80° = 9\cos^2 80° - 3\cos 80° + \frac{1}{4}$$

所以

$$16S_2 = 9(\cos^2 20° + \cos^2 40° + \cos^2 80°) + 3(\cos 20° - \cos 40° - \cos 80°) + \frac{3}{4} =$$

$$\frac{9}{2}(3 + \cos 80° + \cos 40° - \cos 20°) + \frac{3}{4} =$$

$$\frac{27}{2} + \frac{3}{4} =$$

$$\frac{57}{4}$$

所以 $S_2 = \frac{57}{64}$.

(此解法由叶志文提供.)

3. 叶军教授点评

（1）本题是利用三倍角公式对三角恒等式进行计算，三角函数是几何与代数的桥梁，熟练掌握好三角函数的计算对代数几何的突破都能起到非常好的作用.

（2）我们能够利用三倍角公式来解决一些简单的三角函数问题，巧妙地把函数与方程结合在一起，如我们在课堂上介绍的有关 $\sin 18°$ 的计算，就能够利用三倍角公式计算出来，下面给出计算的步骤.

解 因为 $\sin(3 \times 18°) = \sin(90° - 2 \times 18°)$，设 $\sin 18° = x$，则

$$3\sin 18° - 4\sin^3 18° = 1 - 2\sin^2 18°$$

即

$$3x - 4x^3 = 1 - 2x^2$$

$$\Leftrightarrow 4x^3 - 2x^2 - 3x + 1 = 0$$

$$\Leftrightarrow (x - 1)(4x^2 + 2x - 1) = 0$$

解得

$$x = 1(舍去) \text{ 或 } 4x^2 + 2x - 1 = 0$$

因为 $0 < x < 1$，所以 $x = \frac{\sqrt{5} - 1}{4}$，即 $\sin 18° = \frac{\sqrt{5} - 1}{4}$.

三元不等式问题
——2017 届叶班数学问题征解 088 解析

1. 问题征解 088

已知正整数 x,y,z 满足条件 $xyz=(14-x)(14-y)(14-z)$,且 $x+y+z<28$,求 $x^2+y^2+z^2$ 的最大值.

（叶军数学工作站编辑部提供,2019 年 3 月 9 日.）

2. 问题 088 解析

解析 令

$$x=a+7,y=b+7,z=c+7$$

则 $(a+7)(b+7)(c+7)=(7-a)(7-b)(7-c)$ 且 $a+b+c<7$,化简得

$$abc=-49(a+b+c)$$

所以 a,b,c 有 1 个为 7 的倍数.

因为 x,y,z 为正整数,所以

$$a\geqslant-6,b\geqslant-6,c\geqslant-6,(7-a)(7-b)(7-c)>0$$

则 $7-a,7-b,7-c$ 为三正或两负一正.

若 $7-a,7-b,7-c$ 为两负一正,不妨设 $7-a<0,7-b<0,7-c>0$,则

$$a>7,b>7\Rightarrow a+b+c>7+7+(-6)=8$$

与 $a+b+c<7$ 矛盾,所以 $7-a,7-b,7-c$ 为三正,所以

$$-6\leqslant a\leqslant6,-6\leqslant b\leqslant6,-6\leqslant c\leqslant6$$

所以,a,b,c 有 1 个为 7 的倍数,只能有一个为 0,不妨设 $a=0$,则

$$b+c=0$$

$$x^2+y^2+z^2=7^2+(7+b)^2+(7-b)^2=2b^2+147$$

当 $b=-6$ 或 6 时,$x^2+y^2+z^2$ 取最大值 219.

（此解法由万宇康提供.）

3. 叶军教授点评

（1）本题的关键在于令 $x=a+7,y=b+7,z=c+7$,后面只需利用对称性对要求式子进行消元即可.

（2）本题的这种代换叫作线性代换,某些分式不等式,如果分母是变元的线性多项式则可以考虑线性代换;在线性代换中有一类被称作"切线长代换",这也是我们所熟悉的一种代换.

（3）我们来看一道线性代换的例子:

设 $a > 1, b > 1$，求证：$\dfrac{a^2}{b-1} + \dfrac{b^2}{a-1} \geqslant 8$.

这个问题看似简单，但采用通常的方法来解并不顺利，但是如果采用线性代换，不等式的结构会发生明显的变化.

证明 令 $x = b-1, y = a-1$，则 $x > 0, y > 0$，这时

$$\frac{a^2}{b-1} + \frac{b^2}{a-1} = \frac{(y+1)^2}{x} + \frac{(x+1)^2}{y} =$$

$$\frac{y^2}{x} + \frac{2y}{x} + \frac{1}{x} + \frac{x^2}{y} + \frac{2x}{y} + \frac{1}{y} \geqslant$$

$$2\sqrt{xy} + 4 + 2\frac{1}{\sqrt{xy}} \geqslant$$

$$2 \times 2 + 4 = 8$$

利用递推证不等式问题
——2017 届叶班数学问题征解 089 解析

1. 问题征解 089

设 $x,y,z \in [1,+\infty)$，求证：$(x^2-2x+2)(y^2-2y+2)(z^2-2z+2) \leqslant (xyz)^2 - 2xyz + 2$.

（叶军数学工作站编辑部提供，2019 年 3 月 16 日.）

2. 问题 089 解析

证明　首先证明一个引理

$$(x^2-2x+2)(y^2-2y+2) \leqslant (xy)^2 - 2xy + 2 \quad (x,y \geqslant 1)$$

事实上，我们有

$(x^2-2x+2)(y^2-2y+2) - (x^2y^2-2xy+2) =$

$[x^2-2(x-1)][y^2-2(y-1)] - (x^2y^2-2xy+2) =$

$x^2y^2 - 2(x-1)y^2 - 2(y-1)x^2 + 4(x-1)(y-1) - (x^2y^2-2xy+2) =$

$2xy - 2 - 2(x-1)y^2 - 2(y-1)x^2 + 4(x-1)(y-1) =$

$2[(xy-xy^2) + (y^2-1) - (y-1)x^2 + 2(x-1)(y-1)] =$

$2[xy(1-y) + (y-1)(y+1) - (y-1)x^2 + 2(x-1)(y-1)] =$

$2(y-1)(-xy+y+1-x^2+2x-2) =$

$2(y-1)(-xy+y-x^2+2x-1) =$

$2(y-1)[y(1-x) - (x-1)^2] =$

$-2(x-1)(y-1)(x+y-1) \leqslant$

0

引理证毕.

下面来证原题：注意到题设条件 $x,y \geqslant 1$，则这个结论显然成立，利用该结论有

$$(x^2-2x+2)(y^2-2y+2)(z^2-2z+2) \leqslant$$

$$[(xy)^2-2xy+2](z^2-2z+2) \leqslant$$

$$(xyz)^2-2xyz+2$$

（此证法由万宇康提供.）

3. 叶军教授点评

（1）由二元不等式问题成立推三元不等式问题乃至于 n 元不等式问题成立，在不等式，如最常用的几个均值不等式中是经常出现的一件事情，我们往往通过数学归纳法来证明这些结论，本题就是通过证明二元成立从而很轻易地推出三元也成立，这给我们解决多元不等式，尤其是对称的多元不等式问题提供了一条比较好的解题方法.

（2）我们来看一道归纳法的问题：

设 $a_i, b_i \in \mathbf{R}(i=1,2,\cdots,n)$，则有

$$\sqrt{a_1^2+b_1^2}+\sqrt{a_2^2+b_2^2}+\cdots+\sqrt{a_n^2+b_n^2} \geqslant$$
$$\sqrt{(a_1+a_2+\cdots+a_n)^2+(b_1+b_2+\cdots+b_n)^2}$$

证明 当 $n=1$ 时，命题显然成立；当 $n=2$ 时，命题等价于说明

$$\sqrt{a_1^2+b_1^2}+\sqrt{a_2^2+b_2^2} \geqslant \sqrt{(a_1+a_2)^2+(b_1+b_2)^2}$$

即 $\sqrt{a_1^2+b_1^2} \cdot \sqrt{a_2^2+b_2^2} \geqslant a_1a_2+b_1b_2$ 成立（柯西不等式）.

设 $\sqrt{a_1^2+b_1^2}+\sqrt{a_2^2+b_2^2}+\cdots+\sqrt{a_k^2+b_k^2} \geqslant \sqrt{(a_1+a_2+\cdots+a_k)^2+(b_1+b_2+\cdots+b_k)^2}$ 对任意两组实数 $(a_1,a_2,\cdots,a_k)$ 和 $(b_1,b_2,\cdots,b_k)$ 成立.

当 $n=k+1$ 时

$$\sqrt{a_1^2+b_1^2}+\sqrt{a_2^2+b_2^2}+\cdots+\sqrt{a_k^2+b_k^2}+\sqrt{a_{k+1}^2+b_{k+1}^2} \geqslant$$
$$\sqrt{(a_1+a_2+\cdots+a_k)^2+(b_1+b_2+\cdots+b_k)^2}+\sqrt{a_{k+1}^2+b_{k+1}^2}$$

将 $a_1+a_2+\cdots+a_k$ 和 $b_1+b_2+\cdots+b_k$ 看成两个新的实数，应用 $n=2$ 的结论，得到上式 $\geqslant$
$$\sqrt{(a_1+a_2+\cdots+a_k+a_{k+1})^2+(b_1+b_2+\cdots+b_k+b_{k+1})^2}.$$

利用同一法证平行
——2017 届叶班数学问题征解 090 解析

1. 问题征解 090

如图 90.1 所示,等腰梯形 $ABCD$ 中,$AB \parallel CD$,点 E 为 AC 的中点,$\triangle ABE$,$\triangle CDE$ 的外接圆分别为圆 O_1,圆 O_2,圆 O_1 在点 A 处的切线与圆 O_2 在点 D 处的切线相交于点 P,求证:PE 与圆 O_2 相切.

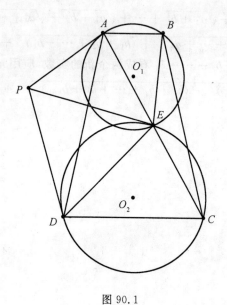

图 90.1

（叶军数学工作站编辑部提供,2019 年 3 月 23 日.）

2. 问题 090 解析

证明　如图 90.2 所示,联结 BD 交 AC 于点 G,过 G 作 CD 的平行线,与 AP 相交于点 H,则 $\angle AGH = \angle GAB$,因为

$$\angle PAG = \angle ABE$$

所以

$$\triangle ABE \backsim \triangle GAH$$

所以

$$\frac{AE}{GH} = \frac{AB}{GA} \qquad ①$$

同理,过 G 作 DC 的平行线交 DP 于点 H',设圆 O_1 与圆 O_2 的另一个交点为 F,联结 FC,则 $\angle H'GD = \angle GDC$,因为

$$\angle H'DG = \angle DCF$$

所以

$$\triangle H'GD \backsim \triangle FDC$$

所以

$$\frac{H'G}{FD} = \frac{GD}{DC} \qquad ②$$

又因为四边形 $ABCD$ 为等腰梯形，$AB \parallel DC$，所以

$$\frac{AB}{AG} = \frac{DC}{GC} = \frac{DC}{GD} \qquad ③$$

由 ①②③ 得

$$\frac{AE}{GH} = \frac{FD}{H'G}$$

即

$$\frac{AE}{EC} = \frac{AE}{FD} = \frac{GH}{GH'} = 1$$

所以 H, H', P 点重合，因为

$$\angle AGP = \angle ACD = \angle PDE$$

所以 P, D, E, G 四点共圆，所以

$$\angle PED = \angle PGD = \angle GDC = \angle ECD$$

所以 PE 为圆 O_2 的切线.

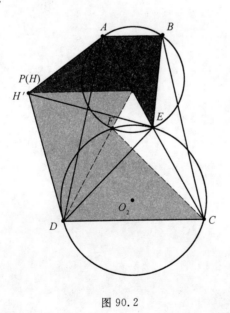

图 90.2

（此证法由万宇康提供.）

3. 叶军教授点评

（1）同一法是一种几何中比较强大的证明方法，我们可以利用同一法来证明一些比较难证明的问题，在叶班的几何课上，我们就讲过用同一法来证明梅涅劳斯定义以及塞瓦定

理.

（2）在符合同一法则的前提下，代替证明原命题而证明它的逆命题成立的一种方法叫作同一法，同一法是间接证法的一种，当要证明某种图形具有某种特性而不易直接证明时，使用此法往往可以克服这个困难. 用同一法的一般步骤是：

不从已知条件入手，而是作出符合结论特征的图形；

证明所作的图形符合已知条件；

推证出所作图形与已知图形为同一图形.

含参绝对值方程问题
——2017届叶班数学问题征解091解析

1. 问题征解091

已知方程

$$|x-a|+|x-a-1|=1-a \qquad ①$$
$$|x+a|+|x+a+1|=1-a \qquad ②$$

试求所有的实数 a，使得方程①②有公共实数解.

（叶军数学工作站编辑部提供，2019年3月30日.）

2. 问题091解析

解析　根据绝对值的几何意义知，方程①② 分别有实数解当且仅当

$$1-a \geqslant |(x-a)-(x-a-1)|=1 \Leftrightarrow a \leqslant 0$$

或

$$1-a \geqslant |(x+a)-(x+a+1)|=1 \Leftrightarrow a \leqslant 0$$

且方程①②的解关于原点对称.

当 $a \leqslant 0$ 时，先求解方程①：

当 $x \geqslant a+1$ 时，方程① 化为

$$x-a+x-a-1=1-a \Leftrightarrow x=\frac{1}{2}a+1 \geqslant a+1$$

故 $x=\frac{1}{2}a+1$ 是方程① 的解.

当 $x \leqslant a$ 时，方程① 化为

$$-(x-a)-(x-a-1)=1-a \Leftrightarrow x=\frac{3}{2}a \leqslant a$$

故 $x=\frac{3}{2}a$ 是方程① 的解.

当 $a < x < a+1$ 时，方程① 化为

$$x-a+a+1-x=1-a \Leftrightarrow a=0$$

此时，$0 < x < 1$ 都是方程① 的解.

综上所述，方程① 的解的情况如下：

(1) 当 $a > 0$ 时，方程① 无实数解；

(2) 当 $a = 0$ 时，满足 $0 \leqslant x \leqslant 1$ 的每一个数都是方程① 的解；

(3) 当 $a < 0$ 时，方程① 的解为 $x=\frac{3}{2}a$ 或 $\frac{1}{2}a+1$.

另一方面，当实根关于原点对称时，方程② 的解的情况如下：

（1）当 $a>0$ 时，方程 ② 无实数解；

（2）当 $a=0$ 时，满足 $-1\leqslant x\leqslant 0$ 的每一个数都是方程 ② 的解；

（3）当 $a<0$ 时，方程 ② 的解为 $x=-\dfrac{3}{2}a$ 或 $-\left(\dfrac{1}{2}a+1\right)$.

由此可见，当 $a=0$ 时，方程 ①② 有公共解 $x=0$.

当 $a<0$ 时，方程 ①② 有公共实数解当且仅当

$$x=-\frac{3}{2}a=\frac{1}{2}a+1\Leftrightarrow a=-\frac{1}{2}$$

公共实数解为 $x=\pm\dfrac{3}{4}$；

或 $x=-\left(\dfrac{1}{2}a+1\right)=\dfrac{3}{2}a\Leftrightarrow a=-\dfrac{1}{2}$，公共实数解为 $x=\mp\dfrac{3}{4}$；

或 $x=-\left(\dfrac{1}{2}a+1\right)=\dfrac{1}{2}a+1\Leftrightarrow a=-2$，公共实数解为 $x=0$.

综上所述，当且仅当 $a=0,-\dfrac{1}{2},-2$ 时，方程 ①② 有公共实数解.

（此解法由万宇康提供.）

3. 叶军教授点评

（1）代数题中含绝对值的问题往往是要用分类讨论去掉绝对值，使得问题变成多个不含绝对值的题，其难点就在于分类讨论上面的复杂性，本题就是一道典型的例子.

（2）我们也可以利用函数图像来解决一些绝对值问题，通过图像可以很容易看出方程与不等式的解的情况，在我们奥函数学习板块上有这方面的专题.

线段比例的应用
——2017 届叶班数学问题征解 092 解析

1. 问题征解 092

如图 92.1 所示，P 是 $\triangle ABC$ 内一点，满足 $PB \perp PC$，且 $\dfrac{PB}{PC} = \dfrac{AB}{AC}$，任意直线交 $\triangle ABC$ 三边于点 D,E,F，过 P 作 PD 垂线交 BC 于点 Q，R 是 AQ 上任一点，BR,CF 交于点 S，CR，BE 交于点 T，求证：$\angle BAS = \angle CAT$.

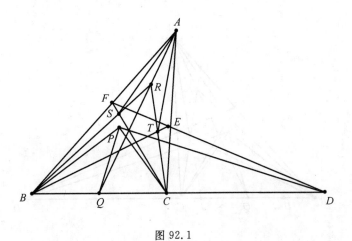

图 92.1

（叶军数学工作站编辑部提供，2019 年 3 月 30 日.）

2. 问题 092 解析

证明 如图 92.2 所示，延长 AS 交 BC 于点 H，延长 AT 交 BC 于点 J，延长 BR 交 AC 于点 G，延长 CR 交 AB 于点 I，则在图形中由塞瓦定理，梅涅劳斯定理有

$$\frac{BH}{HC} \cdot \frac{CG}{GA} \cdot \frac{AF}{FB} = 1$$

$$\frac{AG}{GC} \cdot \frac{CB}{BQ} \cdot \frac{QR}{RA} = 1$$

$$\frac{BJ}{JC} \cdot \frac{CE}{EA} \cdot \frac{AI}{IB} = 1$$

$$\frac{BI}{IA} \cdot \frac{AR}{RQ} \cdot \frac{QC}{CB} = 1$$

$$\frac{BF}{FA} \cdot \frac{AE}{EC} \cdot \frac{CD}{DB} = 1$$

以上五式相乘得

$$\frac{BH}{HC} \cdot \frac{BJ}{JC} \cdot \frac{QC}{BQ} \cdot \frac{CD}{DB} = 1$$

因为 $\dfrac{QC}{BQ} = \dfrac{CP}{BP} \cdot \dfrac{\sin \angle QPC}{\sin \angle QPB}, \dfrac{CD}{DB} = \dfrac{CP}{BP} \cdot \dfrac{\sin \angle CPD}{\sin \angle BPD}, BP \perp PC, PQ \perp PD$,所以

$$\angle CPD = \angle QPB, \angle BPD + \angle QPC = 180°$$

所以

$$\frac{QC}{BQ} \cdot \frac{CD}{DB} = \frac{CP^2}{BP^2}$$

所以

$$\frac{BH}{HC} \cdot \frac{BJ}{JC} = \frac{BP^2}{CP^2} = \frac{AB^2}{AC^2}$$

所以

$$\angle BAS = \angle CAT$$

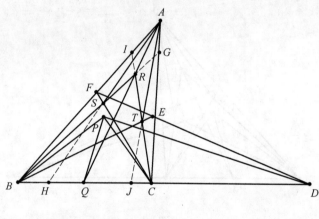

图 92.2

（此证法由万宇康提供.）

3. 叶军教授点评

本题的图形较为复杂,有多个三点共线与三线共点,万宇康同学通过多个梅涅劳斯定理与塞瓦定理对边的比值进行不断转换,最后得到要证的比值相等,我们解决这种问题往往需要较强的认图以及计算能力.

正弦定理的应用
——2017 届叶班数学问题征解 093 解析

1. 问题征解 093

在 $\triangle ABC$ 中，A,B,C 表示其三个内角，它们所对的边长分别为 a,b,c，用 r,R 分别表示 $\triangle ABC$ 的内切圆和外接圆半径，p 表示其半周长，求证：

$$\sin\frac{A}{2} + \sin\frac{B}{2} + \sin\frac{C}{2} \geqslant \frac{1}{2} - \frac{r}{4R} + \frac{\sqrt{3}\,p}{4R}$$

（叶军数学工作站编辑部提供，2019 年 4 月 13 日.）

2. 问题 093 解析

证明　由正弦定理，知（以下用 $\sum$ 表示循环和）

$$\sum \sin A = \frac{p}{R}$$

因为

$$S_{\triangle ABC} = \frac{1}{2}ab\sin C = rp$$

所以

$$r = \frac{ab\sin C}{a+b+c} = \frac{2R\sin A\sin B\sin C}{\sin A + \sin B + \sin C} =$$

$$\frac{2R\sin A\sin B\sin C}{4\cos\dfrac{A}{2}\cos\dfrac{B}{2}\cos\dfrac{C}{2}} =$$

$$4R\sin\frac{A}{2}\sin\frac{B}{2}\sin\frac{C}{2} =$$

$$R\left(\sum \cos A - 1\right)$$

利用上面结论，可知

$$\sum \sin\frac{A}{2} - \frac{1}{2} + \frac{r}{4R} - \frac{\sqrt{3}\,p}{4R} = \sum \sin\frac{A}{2} - \frac{1}{2} + \frac{1}{4}\left(\sum \cos A - 1\right) - \frac{\sqrt{3}}{4}\sum \sin A =$$

$$\sum \sin\frac{A}{2} - \frac{1}{4}\sum(1 - \cos A) - \frac{\sqrt{3}}{2}\sum \sin\frac{A}{2}\cos\frac{A}{2} =$$

$$\sum\left(\sin\frac{A}{2} - \frac{1}{2}\sin^2\frac{A}{2} - \frac{\sqrt{3}}{2}\sin\frac{A}{2}\cos\frac{A}{2}\right) =$$

$$\sum \sin\frac{A}{2}\left[1 - \left(\frac{1}{2}\sin\frac{A}{2} + \frac{\sqrt{3}}{2}\cos\frac{A}{2}\right)\right] =$$

$$\sum \sin\frac{A}{2}\left[1 - \sin\left(\frac{A}{2} + \frac{\pi}{3}\right)\right]$$

上述和式中每一项都大于等于 0，依此可知原不等式成立.

（此证法由万宇康提供.）

3. 叶军教授点评

（1）正弦定理、余弦定理把三角形中的角度与边长完美地联系在了一起，把很多几何问题与代数问题结合起来，本题通过正弦定理推出了非常重要的等式，该等式也是解本题的关键.

（2）本题还有另一个结论：若 S 为三角形的面积，则

$$\frac{1}{\sin\frac{A}{2}}+\frac{1}{\sin\frac{B}{2}}+\frac{1}{\sin\frac{C}{2}}\geqslant\frac{1}{r}\sqrt{\frac{a^2+b^2+c^2+4\sqrt{3}S}{2}} \qquad ①$$

证明　设 $\triangle ABC$ 的内心为 I，$AI=x$，$BI=y$，$CI=z$，$\angle BIC=\alpha$，$\angle AIB=\beta$，则

$$①\Leftrightarrow\sum\frac{r}{\sin\frac{A}{2}}\geqslant\sqrt{\frac{\sum a^2+4\sqrt{3}S}{2}}$$

注意到，I 为 $\triangle ABC$ 的内心，故

$$\sin\frac{A}{2}=\frac{r}{x},\sin\frac{B}{2}=\frac{r}{y},\sin\frac{C}{2}=\frac{r}{z}$$

所以

$$①\Leftrightarrow\sum x\geqslant\sqrt{\frac{\sum a^2+4\sqrt{3}S}{2}}\Leftrightarrow2\left(\sum x\right)^2\geqslant\sum a^2+4\sqrt{3}S \qquad ②$$

由余弦定理及三角形面积公式知

$$\sum a^2=\sum(y^2+z^2-2yz\cos\alpha)$$

$$S=\sum S_{\triangle ABC}=\frac{1}{2}\sum yz\sin\alpha$$

于是

$$②\Leftrightarrow2\left(\sum x\right)^2\geqslant\sum(y^2+z^2-2yz\cos\alpha)+2\sqrt{3}\sum yz\sin\alpha$$

$$\Leftrightarrow4\sum yz\geqslant2\sum yz(\sqrt{3}\sin\alpha-\cos\alpha)$$

$$\Leftrightarrow\sum yz\left[2-(\sqrt{3}\sin\alpha-\cos\alpha)\right]\geqslant0$$

$$\Leftrightarrow2\sum yz\left[1-\sin\left(\alpha-\frac{\pi}{6}\right)\right]\geqslant0$$

由于 $1-\sin\left(\alpha-\frac{\pi}{6}\right)\geqslant0$，所以上式显然成立，从而原不等式成立.

对称式中的不等问题(1)
——2017 届叶班数学问题征解 094 解析

1. 问题征解 094

设 a,b,c 是一个三角形的三边长,证明:

$$\frac{\sqrt{b+c-a}}{\sqrt{b}+\sqrt{c}-\sqrt{a}}+\frac{\sqrt{c+a-b}}{\sqrt{c}+\sqrt{a}-\sqrt{b}}+\frac{\sqrt{a+b-c}}{\sqrt{a}+\sqrt{b}-\sqrt{c}}\leqslant 3$$

（叶军数学工作站编辑部提供,2019 年 4 月 18 日.）

2. 问题 094 解析

证明　不妨设 $a\geqslant b\geqslant c$,于是

$$\sqrt{a+b-c}-\sqrt{a}=\frac{(a+b-c)-a}{\sqrt{a+b-c}+\sqrt{a}}\leqslant\frac{b-c}{\sqrt{b}+\sqrt{c}}=\sqrt{b}-\sqrt{c}$$

因此

$$\frac{\sqrt{a+b-c}}{\sqrt{a}+\sqrt{b}-\sqrt{c}}\leqslant 1 \qquad\qquad ①$$

设 $p=\sqrt{a}+\sqrt{b}$,$q=\sqrt{a}-\sqrt{b}$,则 $pq=a-b$,$p\geqslant 2\sqrt{c}$,由柯西不等式得

$$\left[\frac{\sqrt{b+c-a}}{\sqrt{b}+\sqrt{c}-\sqrt{a}}+\frac{\sqrt{c+a-b}}{\sqrt{c}+\sqrt{a}-\sqrt{b}}\right]^2=$$

$$\left[\frac{\sqrt{c-pq}}{\sqrt{c}-q}+\frac{\sqrt{c+pq}}{\sqrt{c}+q}\right]^2\leqslant$$

$$\left(\frac{c-pq}{\sqrt{c}-q}+\frac{c+pq}{\sqrt{c}+q}\right)\left(\frac{1}{\sqrt{c}-q}+\frac{1}{\sqrt{c}+q}\right)=$$

$$\frac{2(c\sqrt{c}-pq^2)}{c-q^2}\cdot\frac{2\sqrt{c}}{c-q^2}=$$

$$4\cdot\frac{c^2-\sqrt{c}pq^2}{(c-q^2)^2}\leqslant 4\cdot\frac{c^2-2cq^2}{(c-q^2)^2}\leqslant 4$$

从而

$$\frac{\sqrt{b+c-a}}{\sqrt{b}+\sqrt{c}-\sqrt{a}}+\frac{\sqrt{c+a-b}}{\sqrt{c}+\sqrt{a}-\sqrt{b}}\leqslant 2 \qquad\qquad ②$$

将 ①② 相加即得所求证不等式.

（此证法由万宇康提供.）

3. 叶军教授点评

(1) 遇到对称不等式的问题,我们往往可以通过不妨设大小关系使问题更容易放缩,还

有一些题目可以直接对式子进行因式分解.

（2）如下面这道例题：

设 a,b,c 为同一三角形三边长，求证：$a^4 + b^4 + c^4 \leqslant 2(a^2b^2 + b^2c^2 + c^2a^2)$.

事实上，我们可以把要证的不等式化为

$$2(a^2b^2 + b^2c^2 + c^2a^2) - (a^4 + b^4 + c^4) \geqslant 0$$

通过对该不等式左边进行因式分解，我们可以得到 $LHS = (a+b+c)(a+b-c)(c+a-b)(c+b-a)$，该式子显然大于等于 0. 对于这个不等式的分解，我们在"叶班"奥方程学习中会学到.

对称式中的不等问题(2)
——2017 届叶班数学问题征解 095 解析

1. 问题征解 095

设实数 x,y,z 满足 $x^2+y^2+z^2=2$,求证:$x+y+z\leqslant xyz+2$.

(叶军数学工作站编辑部提供,2019 年 4 月 23 日.)

2. 问题 095 解析

证明　若 x,y,z 中至少有一个非正,不妨设 $z\leqslant 0$,由于 $x^2+y^2+z^2=2$,则

$$x+y\leqslant\sqrt{2(x^2+y^2)}\leqslant 2, xy\leqslant\frac{1}{2}(x^2+y^2)\leqslant 1$$

由此可得

$$x+y+z-2-xyz=(x+y-2)+z(1-xy)\leqslant 0$$

若 x,y,z 全为正,不妨设

$$x\leqslant y\leqslant z$$

若 $0<z\leqslant 1$,则

$$2+xyz-x-y-z=(1-x)(1-y)+(1-z)(1-xy)\geqslant 0$$

若 $z>1$,则

$$x+y+z\leqslant\sqrt{2z^2+2(x+y)^2}=2\sqrt{1+xy}<2+xy<2+xyz$$

所以 $x+y+z\leqslant xyz+2$.

(此证法由万宇康提供.)

3. 叶军教授点评

对于这个对称问题,我们采用了分类讨论的方法来证明,因为对于不同的范围,不等式放缩和用法都会有很多不同,这种题型是比较常见的,如下面这个问题:

已知正数 a,b,c,d 满足 $2(a+b+c+d)\geqslant abcd$,证明:$a^2+b^2+c^2+d^2\geqslant abcd$.

证明　因为

$$a^2+b^2+c^2+d^2\geqslant 4\left(\frac{a+b+c+d}{4}\right)^2=\frac{(a+b+c+d)^2}{4}\geqslant\frac{(abcd)^2}{16}$$

若 $abcd\geqslant 16$,则

$$a^2+b^2+c^2+d^2\geqslant\frac{(abcd)^2}{16}\geqslant abcd$$

若 $abcd<16$,则

$$a^2+b^2+c^2+d^2\geqslant 4\sqrt[4]{a^2b^2c^2d^2}>abcd$$

用均值不等式解最值问题
——2017 届叶班数学问题征解 096 解析

1. 问题征解 096

设实数 a,b 满足 $a=x_1+x_2+x_3=x_1x_2x_3,ab=x_1x_2+x_2x_3+x_3x_1$，其中 $x_1,x_2,x_3>0$，求 $p=\dfrac{a^2+6b+1}{a^2+a}$ 的最大值.

（叶军数学工作站编辑部提供，2019 年 4 月 22 日.）

2. 问题 096 解析

解析　因为

$$a=x_1+x_2+x_3 \geqslant 3\sqrt[3]{x_1x_2x_3}=3\sqrt[3]{a}$$

所以

$$a \geqslant 3\sqrt{3}$$

因为 $x_1,x_2,x_3>0$，所以

$$a>0,b>0$$

由

$$3(x_1x_2+x_2x_3+x_3x_1) \leqslant (x_1+x_2+x_3)^2$$

可得

$$3ab \leqslant a^2$$

即

$$3b \leqslant a$$

所以

$$p=\frac{a^2+6b+1}{a^2+a} \leqslant \frac{a^2+2a+1}{a^2+a}=1+\frac{1}{a} \leqslant 1+\frac{1}{3\sqrt{3}}=\frac{9+\sqrt{3}}{9}$$

等号成立当且仅当 $x_1=x_2=x_3=\sqrt{3}$，即 $a=3\sqrt{3},b=\sqrt{3}$.

所以 $p_{\max}=\dfrac{9+\sqrt{3}}{9}$.

（此解法由万宇康提供.）

3. 叶军教授点评

（1）均值不等式常被拿来求解多个变量某种"和"或者"乘积"表达式的最值，并且相对应地，这些变量的某种"乘积"或者"和"的表达式是一个已知的定值，读者不难根据均值不等式的内容理解它的原理.

（2）均值不等式的强技巧在于均衡调整，而系数调整的技巧在于配给常数.如下面两道

例题：

① 已知 x,y,z 是非负实数，满足 $2x+3y+5z=6$，求 x^2yz 的最大值.

解析 $x^2yz=\dfrac{1}{15}(x\cdot x\cdot 3y\cdot 5z)\leqslant\dfrac{1}{15}\left(\dfrac{x+x+3y+5z}{4}\right)^4=\dfrac{1}{15}\times\left(\dfrac{6}{4}\right)^4=\dfrac{27}{80}$，等号

成立当且仅当 $x=\dfrac{3}{2},y=\dfrac{1}{2},z=\dfrac{3}{10}$，故所求最大值为 $\dfrac{27}{80}$.

② 设 x,y,z,w 是 4 个不全为零的实数，求 $f=\dfrac{xy+2yz+zw}{x^2+y^2+z^2+w^2}$.

解析 考虑利用均值不等式，将分子放缩成分母的形式，设 $\alpha,\beta,\gamma>0$，则

$$xy\leqslant\dfrac{1}{2}\left(\alpha x^2+\dfrac{y^2}{\alpha}\right),2yz\leqslant\beta y^2+\dfrac{z^2}{\beta},zw\leqslant\dfrac{1}{2}\left(\dfrac{z^2}{\gamma}+\gamma w^2\right)$$

三式相加左边是分子，右边期望和分母的系数成比例，由于 y,z 地位对称，我们取 $\beta=1$，由于 xy 和 zw 地位对称，可令 $\alpha=\gamma$，这样三式相加右边等于

$$\dfrac{\alpha}{2}x^2+\left(\dfrac{1}{2\alpha}+1\right)(y^2+z^2)+\dfrac{\alpha}{2}w^2$$

令 $\dfrac{\alpha}{2}=\dfrac{1}{2\alpha}+1$，即 $\alpha=1+\sqrt{2}$（负根舍去），代入上式得

$$xy+2yz+zw\leqslant\dfrac{1+\sqrt{2}}{2}(x^2+y^2+z^2+w^2)$$

从而

$$f\leqslant\dfrac{1+\sqrt{2}}{2}$$

等号成立当且仅当 $x=w=1,y=z=1+\sqrt{2}$，故 $f_{\max}=\dfrac{1+\sqrt{2}}{2}$.

导数的应用(1)
——2017 届叶班数学问题征解 097 解析

1. 问题征解 097

已知函数 $f(x)=\dfrac{\ln(1+x)}{x}$，当 $x>-1$ 且 $x\neq 0$ 时，不等式 $f(x)<\dfrac{1+kx}{1+x}$ 成立，求实数 k 的值.

（叶军数学工作站编辑部提供，2019 年 4 月 29 日.）

2. 问题 097 解析

解析　$f(x)<\dfrac{1+kx}{1+x}$ 可化为

$$\frac{(1+x)\ln(1+x)-x-kx^2}{x}<0$$

令

$$g(x)=(1+x)\ln(1+x)-x-kx^2$$

则

$$g'(x)=\ln(1+x)-2kx,\ g''(x)=\frac{1}{1+x}-2k$$

当 $x>0$ 时，$0<\dfrac{1}{1+x}<1$，令 $2k\geqslant 1$，则 $g''(x)<0$，$g'(x)$ 在 $(0,+\infty)$ 上是减函数，$g'(x)<g'(0)=0$，所以 $g(x)$ 在 $(0,+\infty)$ 上是减函数，因此 $g(x)<g(0)=0$.

所以，当 $k\geqslant\dfrac{1}{2}$ 时，对于 $x>0$，有

$$\frac{(1+x)\ln(1+x)-x-kx^2}{x}<0$$

当 $-1<x<0$ 时，$\dfrac{1}{1+x}>1$，令 $2k\leqslant 1$，则 $g''(x)>0$，$g'(x)$ 在 $(-1,0)$ 上是增函数，故 $g'(x)<g'(0)=0$，所以 $g(x)$ 在 $(-1,0)$ 上是减函数，因此 $g(x)>g(0)=0$.

所以，当 $k\leqslant\dfrac{1}{2}$ 时，对于 $-1<x<0$，有

$$\frac{(1+x)\ln(1+x)-x-kx^2}{x}<0$$

因此，当 $k=\dfrac{1}{2}$ 时，在 $x>-1$ 且 $x\neq 0$ 时，有 $f(x)<\dfrac{1+kx}{1+x}$ 成立.

（此解法由万宇康提供.）

3. 叶军教授点评

(1) 本题利用函数的单调性对 k 的值进行了讨论，其中在研究函数单调性的时候很自然

就想到了导数,学生应该熟练掌握好导数的求法,尤其是符合函数的导数,这个内容是高考必考内容,十分重要.

（2）我们还可以找到很多与本题类似的问题,都是要求导数并且分类讨论的,如下面的问题：

已知函数 $f(x)=\ln(x+1)+\dfrac{2}{x+1}+ax-2$,其中 $a>0$,若 $x\in[0,2]$ 时,$f(x)\geqslant 0$ 恒成立,求实数 a 的取值范围.

解析　因为 $f(x)$ 定义域为 $(-1,+\infty)$.

当 $a=1$ 时,$f(x)=\ln(x+1)+\dfrac{2}{x+1}+x-2$,$f'(x)=\dfrac{x(x+3)}{(x+1)^2}$,当 $x>0$ 时,$f'(x)>0$,当 $-1<x<0$ 时,$f'(x)<0$,故 $f(x)$ 在区间 $(-1,0]$ 上为减函数,在区间 $[0,+\infty)$ 上为增函数,所以当 $a=1$ 时,$f(x)\geqslant f(0)=0$ 恒成立.

当 $a\geqslant 1$ 且 $x\in[0,2]$ 时,$f(x)=\ln(x+1)+\dfrac{2}{x+1}+x-2+(a-1)x\geqslant\ln(x+1)+\dfrac{2}{x+1}+x-2\geqslant 0$ 恒成立,故 $a\geqslant 1$ 符合要求.

当 $0<a<1$ 时,$f'(x)=\dfrac{ax^2+(2a+1)x+a-1}{(x+1)^2}(x>-1)$,由于方程 $ax^2+(2a+1)x+a-1=0$ 的判别式 $\Delta=8a+1>0$,所以有两个不同的实根,设为 x_1,x_2,且 $x_1<x_2$,由于 $x_1x_2=\dfrac{a-1}{a}<0$ 知,$x_1<0<x_2$,即 $f'(x)=0$ 的两根一正一负,所以 $0<x<x_2$ 时,$f'(x)<0$,$f(x)$ 在区间 $[0,x_2]$ 上为减函数.

若 $0<x_2<2$,则 $f(x_2)<f(0)=0$,与 $x\in[0,2]$ 时,$f(x)\geqslant 0$ 恒成立相矛盾.

若 $x_2\geqslant 2$,则 $f(2)<f(0)=0$,矛盾,因此,$0<a<1$ 不符合题意.

综上所述,a 的取值范围为 $[1,+\infty)$.

本题的关键在于找到 $a=1$ 这种特殊情况.

导数的应用(2)
——2017 届叶班数学问题征解 098 解析

1. 问题征解 098

设 $f(x) = \dfrac{1 + e^x}{1 - e^x}$，$g(x)$ 是 $f(x)$ 的反函数，证明：$\displaystyle\sum_{k=2}^{n} g(k) > \dfrac{2 - n - n^2}{\sqrt{2n(n+1)}}$.

（叶军数学工作站编辑部提供，2019 年 5 月 2 日.）

2. 问题 098 解析

证明　由题意得 $e^x = \dfrac{y-1}{y+1} > 0$，故 $g(x) = \ln\dfrac{x-1}{x+1}$，故

$$\sum_{k=2}^{n} g(k) = \ln\frac{1}{3} + \ln\frac{2}{4} + \ln\frac{3}{5} + \cdots + \ln\frac{n-1}{n+1} = \ln\frac{2}{n(n+1)} = -\ln\frac{n(n+1)}{2}$$

令

$$u(z) = -\ln z^2 - \frac{1 - z^2}{z} = -2\ln z + z - \frac{1}{z}, z > 0$$

则

$$u'(z) = \left(1 - \frac{1}{z}\right)^2 \geqslant 0$$

所以 $u(z)$ 在 $(0, +\infty)$ 上是增函数.

由于 $\sqrt{\dfrac{n(n+1)}{2}} > 1 (n \geqslant 2)$，因此

$$u\left(\sqrt{\frac{n(n+1)}{2}}\right) > u(1) = 0$$

即

$$\ln\frac{2}{n(n+1)} - \frac{1 - \dfrac{n(n+1)}{2}}{\sqrt{\dfrac{n(n+1)}{2}}} > 0$$

所以

$$\sum_{k=2}^{n} g(k) > \frac{2 - n - n^2}{\sqrt{2n(n+1)}}$$

（此证法由万宇康提供.）

3. 叶军教授点评

本题式子看似复杂，实际上是一道函数单调性的问题，只需将求和式化简再求导即可.

二阶导数与琴生不等式
——2017 届叶班数学问题征解 099 解析

1. 问题征解 099

设 $m \geqslant 2$，则在 $\triangle ABC$ 中有 $\tan \dfrac{A}{m} + \tan \dfrac{B}{m} + \tan \dfrac{C}{m} \geqslant 3\tan \dfrac{\pi}{3m}$.

（叶军数学工作站编辑部提供，2019 年 5 月 19 日.）

2. 问题 099 解析

证明 设 $f(x) = \tan \dfrac{x}{m}, x \in (0, \pi)$，则

$$f'(x) = \frac{1}{m} \sec^2 \frac{x}{m}, f''(x) = \frac{2}{m} \sec \frac{x}{m} \cdot \left(\frac{1}{m} \sec \frac{x}{m} \tan \frac{x}{m} \right) = \frac{2}{m^2} \sec^3 \frac{x}{m} \sin \frac{x}{m} > 0$$

所以 $f(x)$ 在 $(0, \pi)$ 上是下凸函数，由琴生不等式有

$$\tan \frac{A}{m} + \tan \frac{B}{m} + \tan \frac{C}{m} \geqslant 3\tan \left(\frac{\frac{A}{m} + \frac{B}{m} + \frac{C}{m}}{3} \right) = 3\tan \frac{\pi}{3m}$$

（此证法由万宇康提供.）

3. 叶军教授点评

（1）在确定一个连续函数在某个区间上是凸函数后，就可以在这个区间内用琴生不等式了，判断函数是上凸还是下凸可以通过定义和函数图形来看，而最直接的方法就是利用二阶导数.

（2）下面来看一些漂亮的题目：

① 设 A, B, C 是 $\triangle ABC$ 的三个内角，求证：$\sin \dfrac{A}{2} \sin \dfrac{B}{2} \sin \dfrac{C}{2} \leqslant \dfrac{1}{8}$.

证明 令 $f(x) = \sin x$，当 $x \in (0, \pi)$ 时，$f''(x) = -\sin x < 0$，所以 $f(x)$ 在 $(0, \pi)$ 上是上凸函数，则

$$\sin \frac{A}{2} \sin \frac{B}{2} \sin \frac{C}{2} \leqslant \left(\frac{\sin \frac{A}{2} + \sin \frac{B}{2} + \sin \frac{C}{2}}{3} \right)^3 \leqslant \sin \left(\frac{\frac{A}{2} + \frac{B}{2} + \frac{C}{2}}{3} \right)^3 = \frac{1}{8}$$

② 设 $\dfrac{3}{2} \leqslant x \leqslant 5$，求证：$2\sqrt{x+1} + \sqrt{2x-3} + \sqrt{15-3x} < 2\sqrt{19}$.

证明 注意函数 $y = \sqrt{x}$ 在区间 $[0, +\infty)$ 上是上凸函数，则由琴生不等式可得

$$2\sqrt{x+1} + \sqrt{2x-3} + \sqrt{15-3x} = \sqrt{x+1} + \sqrt{x+1} + \sqrt{2x-3} + \sqrt{15-3x} \leqslant$$

$$4\sqrt{\frac{x+1+x+1+2x-3+15-3x}{4}} =$$

$$2\sqrt{x+14}$$

由于 $x+1, 2x-3, 15-3x$ 不可能同时相等，从而

$$2\sqrt{x+1} + \sqrt{2x-3} + \sqrt{15-3x} < 2\sqrt{x+14} \leqslant 2\sqrt{19}$$

从不等式取等条件出发
——2017 届叶班数学问题征解 100 解析

1. 问题征解 100

若正数 a,b,c 满足 $a+b+c=1$，求证：$\left(a+\dfrac{1}{a}\right)\left(b+\dfrac{1}{b}\right)\left(c+\dfrac{1}{c}\right)\geqslant\dfrac{1\,000}{27}$.

（叶军数学工作站编辑部提供，2019 年 5 月 30 日.）

2. 问题 100 解析

证明　注意到 $a=b=c=\dfrac{1}{3}$ 时，不等式的等号成立，故考虑将原不等式变形为

$$\left(3a+\frac{3}{a}\right)\left(3b+\frac{3}{b}\right)\left(3c+\frac{3}{c}\right)\geqslant 1\,000$$

经观察要使不等式的等号成立，只需 $3a=\dfrac{3}{ma}=1$（m 为待定系数），解得 $m=9$，于是运用均值不等式得

$$\left(3a+\frac{3}{a}\right)\left(3b+\frac{3}{b}\right)\left(3c+\frac{3}{c}\right)=\left(3a+\underbrace{\frac{1}{3a}+\cdots+\frac{1}{3a}}_{9\text{个}\frac{1}{3a}}\right)+\left(3b+\underbrace{\frac{1}{3b}+\cdots+\frac{1}{3b}}_{9\text{个}\frac{1}{3b}}\right)+$$

$$\left(3c+\underbrace{\frac{1}{3c}+\cdots+\frac{1}{3c}}_{9\text{个}\frac{1}{3c}}\right)\geqslant$$

$$10\sqrt[10]{\left(\frac{1}{3a}\right)^8}\cdot 10\sqrt[10]{\left(\frac{1}{3b}\right)^8}\cdot 10\sqrt[10]{\left(\frac{1}{3c}\right)^8}=$$

$$1\,000\left(\frac{1}{3a\cdot 3b\cdot 3c}\right)^{\frac{4}{5}}\geqslant$$

$$1\,000\left[\frac{1}{27\times\frac{(a+b+c)^3}{27}}\right]^{\frac{4}{5}}=$$

$$1\,000$$

所以 $\left(a+\dfrac{1}{a}\right)\left(b+\dfrac{1}{b}\right)\left(c+\dfrac{1}{c}\right)\geqslant\dfrac{1\,000}{27}$.

（此证法由万宇康提供.）

3. 叶军教授点评

（1）取等条件通常对于解题有指向性，比如全相等指向的是均值不等式等基础不等式，而大小差异极端则指向磨光变换等特殊做法.

(2) 不等式中最令人头疼的一类情况,就是取等条件不唯一. 在这种情况下,取等条件的分歧究竟是如何产生的,这自然成了一个非常难解释的问题,下面我们来看几个典型例题.

① 已知 a,b,c 都是正实数,求 $\dfrac{a+3c}{a+2b+c}+\dfrac{4b}{a+b+2c}+\dfrac{8c}{a+b+3c}$ 的最小值.

解析　我们进行如下换元,令 $a+2b+c=x,a+b+2c=y,a+b+3c=z$,则
$$a=-x+5y+3z,b=x-2y+z,c=-y+z$$
于是
$$原式=\dfrac{-x+2y}{x}+\dfrac{4(x-2y+z)}{y}-\dfrac{8(z-y)}{z}=$$
$$-17+\dfrac{2y}{x}+\dfrac{4x}{y}+\dfrac{4z}{y}+\dfrac{8y}{z}\geqslant$$
$$-17+2\sqrt{2\times4}+2\sqrt{4\times8}=$$
$$-17+12\sqrt{2}$$

等号成立当且仅当 $a=3-2\sqrt{2},b=\sqrt{2}-1,c=\sqrt{2}$,故所求最小值为 $-17+12\sqrt{2}$.

本题中,"$-17+\dfrac{2y}{x}+\dfrac{4x}{y}+\dfrac{4z}{y}+\dfrac{8y}{z}$"这一步不能直接对后四项一并用均值不等式,原因就在于等号取不到.

② 设 x,y,z,w 都是正实数,已知 $\dfrac{1}{x}+\dfrac{1}{y}+\dfrac{1}{z}+\dfrac{1}{w}=5-\dfrac{1}{xyzw}$,且 $x+y+z+w=4$,求 x,y,z,w 的值.

解析　我们利用均值不等式的取等条件.
因为
$$4=x+y+z+w\geqslant4\sqrt[4]{xyzw}\Rightarrow xyzw\leqslant1$$
又
$$5=\dfrac{1}{x}+\dfrac{1}{y}+\dfrac{1}{z}+\dfrac{1}{w}+\dfrac{1}{xyzw}\geqslant5\sqrt[5]{\dfrac{1}{(xyzw)^2}}\Rightarrow xyzw\geqslant1$$
所以
$$xyzw=1$$
等号全部取到,由均值不等式取等条件得
$$x=y=z=w=1$$
经检验,满足题意,故 $x=y=z=w=1$.

刘培杰数学工作室
已出版(即将出版)图书目录——初等数学

书　　名	出版时间	定　价	编号
新编中学数学解题方法全书(高中版)上卷(第2版)	2018－08	58.00	951
新编中学数学解题方法全书(高中版)中卷(第2版)	2018－08	68.00	952
新编中学数学解题方法全书(高中版)下卷(一)(第2版)	2018－08	58.00	953
新编中学数学解题方法全书(高中版)下卷(二)(第2版)	2018－08	58.00	954
新编中学数学解题方法全书(高中版)下卷(三)(第2版)	2018－08	68.00	955
新编中学数学解题方法全书(初中版)上卷	2008－01	28.00	29
新编中学数学解题方法全书(初中版)中卷	2010－07	38.00	75
新编中学数学解题方法全书(高考复习卷)	2010－01	48.00	67
新编中学数学解题方法全书(高考真题卷)	2010－01	38.00	62
新编中学数学解题方法全书(高考精华卷)	2011－03	68.00	118
新编平面解析几何解题方法全书(专题讲座卷)	2010－01	18.00	61
新编中学数学解题方法全书(自主招生卷)	2013－08	88.00	261
数学奥林匹克与数学文化(第一辑)	2006－05	48.00	4
数学奥林匹克与数学文化(第二辑)(竞赛卷)	2008－01	48.00	19
数学奥林匹克与数学文化(第二辑)(文化卷)	2008－07	58.00	36'
数学奥林匹克与数学文化(第三辑)(竞赛卷)	2010－01	48.00	59
数学奥林匹克与数学文化(第四辑)(竞赛卷)	2011－08	58.00	87
数学奥林匹克与数学文化(第五辑)	2015－06	98.00	370
世界著名平面几何经典著作钩沉——几何作图专题卷(上)	2009－06	48.00	49
世界著名平面几何经典著作钩沉——几何作图专题卷(下)	2011－01	88.00	80
世界著名平面几何经典著作钩沉(民国平面几何老课本)	2011－03	38.00	113
世界著名平面几何经典著作钩沉(建国初期平面三角老课本)	2015－08	38.00	507
世界著名解析几何经典著作钩沉——平面解析几何卷	2014－01	38.00	264
世界著名数论经典著作钩沉(算术卷)	2012－01	28.00	125
世界著名数学经典著作钩沉——立体几何卷	2011－02	28.00	88
世界著名三角学经典著作钩沉(平面三角卷Ⅰ)	2010－06	28.00	69
世界著名三角学经典著作钩沉(平面三角卷Ⅱ)	2011－01	38.00	78
世界著名初等数论经典著作钩沉(理论和实用算术卷)	2011－07	38.00	126
发展你的空间想象力(第2版)	2019－11	68.00	1117
空间想象力进阶	2019－05	68.00	1062
走向国际数学奥林匹克的平面几何试题诠释.第1卷	2019－07	88.00	1043
走向国际数学奥林匹克的平面几何试题诠释.第2卷	2019－09	78.00	1044
走向国际数学奥林匹克的平面几何试题诠释.第3卷	2019－03	78.00	1045
走向国际数学奥林匹克的平面几何试题诠释.第4卷	2019－09	98.00	1046
平面几何证明方法全书	2007－08	35.00	1
平面几何证明方法全书习题解答(第2版)	2006－12	18.00	10
平面几何天天练上卷·基础篇(直线型)	2013－01	58.00	208
平面几何天天练中卷·基础篇(涉及圆)	2013－01	28.00	234
平面几何天天练下卷·提高篇	2013－01	58.00	237
平面几何专题研究	2013－07	98.00	258

刘培杰数学工作室
已出版(即将出版)图书目录——初等数学

书 名	出版时间	定 价	编号
最新世界各国数学奥林匹克中的平面几何试题	2007—09	38.00	14
数学竞赛平面几何典型题及新颖解	2010—07	48.00	74
初等数学复习及研究(平面几何)	2008—09	58.00	38
初等数学复习及研究(立体几何)	2010—06	38.00	71
初等数学复习及研究(平面几何)习题解答	2009—01	48.00	42
几何学教程(平面几何卷)	2011—03	68.00	90
几何学教程(立体几何卷)	2011—07	68.00	130
几何变换与几何证题	2010—06	88.00	70
计算方法与几何证题	2011—06	28.00	129
立体几何技巧与方法	2014—04	88.00	293
几何瑰宝——平面几何500名题暨1000条定理(上、下)	2010—07	138.00	76,77
三角形的解法与应用	2012—07	18.00	183
近代的三角形几何学	2012—07	48.00	184
一般折线几何学	2015—08	48.00	503
三角形的五心	2009—06	28.00	51
三角形的六心及其应用	2015—10	68.00	542
三角形趣谈	2012—08	28.00	212
解三角形	2014—01	28.00	265
三角学专门教程	2014—09	28.00	387
图天下几何新题试卷.初中(第2版)	2017—11	58.00	855
圆锥曲线习题集(上册)	2013—06	68.00	255
圆锥曲线习题集(中册)	2015—01	78.00	434
圆锥曲线习题集(下册·第1卷)	2016—10	78.00	683
圆锥曲线习题集(下册·第2卷)	2018—01	98.00	853
圆锥曲线习题集(下册·第3卷)	2019—10	128.00	1113
论九点圆	2015—05	88.00	645
近代欧氏几何学	2012—07	48.00	162
罗巴切夫斯基几何学及几何基础概要	2012—07	28.00	188
罗巴切夫斯基几何学初步	2015—06	28.00	474
用三角、解析几何、复数、向量计算解数学竞赛几何题	2015—03	48.00	455
美国中学几何教程	2015—04	88.00	458
三线坐标与三角形特征点	2015—04	98.00	460
平面解析几何方法与研究(第1卷)	2015—05	18.00	471
平面解析几何方法与研究(第2卷)	2015—06	18.00	472
平面解析几何方法与研究(第3卷)	2015—07	18.00	473
解析几何研究	2015—01	38.00	425
解析几何学教程.上	2016—01	38.00	574
解析几何学教程.下	2016—01	38.00	575
几何学基础	2016—01	58.00	581
初等几何研究	2015—02	58.00	444
十九和二十世纪欧氏几何学中的片段	2017—01	58.00	696
平面几何中考.高考.奥数一本通	2017—07	28.00	820
几何学简史	2017—08	28.00	833
四面体	2018—01	48.00	880
平面几何证明方法思路	2018—12	68.00	913
平面几何图形特性新析.上篇	2019—01	68.00	911
平面几何图形特性新析.下篇	2018—06	88.00	912
平面几何范例多解探究.上篇	2018—04	48.00	910
平面几何范例多解探究.下篇	2018—12	68.00	914
从分析解题过程学解题:竞赛中的几何问题研究	2018—07	68.00	946
从分析解题过程学解题:竞赛中的向量几何与不等式研究(全2册)	2019—06	138.00	1090
二维、三维欧氏几何的对偶原理	2018—12	38.00	990
星形大观及闭折线论	2019—03	68.00	1020
圆锥曲线之设点与设线	2019—05	60.00	1063
立体几何的问题和方法	2019—11	58.00	1127

刘培杰数学工作室
已出版(即将出版)图书目录——初等数学

书　　名	出版时间	定　价	编号
俄罗斯平面几何问题集	2009—08	88.00	55
俄罗斯立体几何问题集	2014—03	58.00	283
俄罗斯几何大师——沙雷金论数学及其他	2014—01	48.00	271
来自俄罗斯的5000道几何习题及解答	2011—03	58.00	89
俄罗斯初等数学问题集	2012—05	38.00	177
俄罗斯函数问题集	2011—03	38.00	103
俄罗斯组合分析问题集	2011—01	48.00	79
俄罗斯初等数学万题选——三角卷	2012—11	38.00	222
俄罗斯初等数学万题选——代数卷	2013—08	68.00	225
俄罗斯初等数学万题选——几何卷	2014—01	68.00	226
俄罗斯《量子》杂志数学征解问题100题选	2018—08	48.00	969
俄罗斯《量子》杂志数学征解问题又100题选	2018—08	48.00	970
俄罗斯《量子》杂志数学征解问题	2020—05	48.00	1138
463个俄罗斯几何老问题	2012—05	28.00	152
《量子》数学短文精粹	2018—09	38.00	972
用三角、解析几何等计算解来自俄罗斯的几何题	2019—11	88.00	1119
谈谈素数	2011—03	18.00	91
平方和	2011—03	18.00	92
整数论	2011—05	38.00	120
从整数谈起	2015—10	28.00	538
数与多项式	2016—01	38.00	558
谈谈不定方程	2011—05	28.00	119
解析不等式新论	2009—06	68.00	48
建立不等式的方法	2011—03	98.00	104
数学奥林匹克不等式研究	2009—08	68.00	56
不等式研究(第二辑)	2012—02	68.00	153
不等式的秘密(第一卷)(第2版)	2014—02	38.00	286
不等式的秘密(第二卷)	2014—01	38.00	268
初等不等式的证明方法	2010—06	38.00	123
初等不等式的证明方法(第二版)	2014—11	38.00	407
不等式·理论·方法(基础卷)	2015—07	38.00	496
不等式·理论·方法(经典不等式卷)	2015—07	38.00	497
不等式·理论·方法(特殊类型不等式卷)	2015—07	48.00	498
不等式探究	2016—03	38.00	582
不等式探秘	2017—01	88.00	689
四面体不等式	2017—01	68.00	715
数学奥林匹克中常见重要不等式	2017—09	38.00	845
三正弦不等式	2018—09	98.00	974
函数方程与不等式:解法与稳定性结果	2019—04	68.00	1058
同余理论	2012—05	38.00	163
$[x]$与$\{x\}$	2015—04	48.00	476
极值与最值.上卷	2015—06	28.00	486
极值与最值.中卷	2015—06	38.00	487
极值与最值.下卷	2015—06	28.00	488
整数的性质	2012—11	38.00	192
完全平方数及其应用	2015—08	78.00	506
多项式理论	2015—10	88.00	541
奇数、偶数、奇偶分析法	2018—01	98.00	876
不定方程及其应用.上	2018—12	58.00	992
不定方程及其应用.中	2019—01	78.00	993
不定方程及其应用.下	2019—02	98.00	994

书　名	出版时间	定　价	编号
历届美国中学生数学竞赛试题及解答(第一卷)1950—1954	2014—07	18.00	277
历届美国中学生数学竞赛试题及解答(第二卷)1955—1959	2014—04	18.00	278
历届美国中学生数学竞赛试题及解答(第三卷)1960—1964	2014—06	18.00	279
历届美国中学生数学竞赛试题及解答(第四卷)1965—1969	2014—04	28.00	280
历届美国中学生数学竞赛试题及解答(第五卷)1970—1972	2014—06	18.00	281
历届美国中学生数学竞赛试题及解答(第六卷)1973—1980	2017—07	18.00	768
历届美国中学生数学竞赛试题及解答(第七卷)1981—1986	2015—01	18.00	424
历届美国中学生数学竞赛试题及解答(第八卷)1987—1990	2017—05	18.00	769
历届中国数学奥林匹克试题集(第2版)	2017—03	38.00	757
历届加拿大数学奥林匹克试题集	2012—08	38.00	215
历届美国数学奥林匹克试题集:1972～2019	2020—04	88.00	1135
历届波兰数学竞赛试题集.第1卷,1949～1963	2015—03	18.00	453
历届波兰数学竞赛试题集.第2卷,1964～1976	2015—03	18.00	454
历届巴尔干数学奥林匹克试题集	2015—05	38.00	466
保加利亚数学奥林匹克	2014—10	38.00	393
圣彼得堡数学奥林匹克试题集	2015—01	38.00	429
匈牙利奥林匹克数学竞赛题解.第1卷	2016—05	28.00	593
匈牙利奥林匹克数学竞赛题解.第2卷	2016—05	28.00	594
历届美国数学邀请赛试题集(第2版)	2017—10	78.00	851
全国高中数学竞赛试题及解答.第1卷	2014—07	38.00	331
普林斯顿大学数学竞赛	2016—06	38.00	669
亚太地区数学奥林匹克竞赛题	2015—07	18.00	492
日本历届(初级)广中杯数学竞赛试题及解答.第1卷(2000～2007)	2016—05	28.00	641
日本历届(初级)广中杯数学竞赛试题及解答.第2卷(2008～2015)	2016—05	38.00	642
360个数学竞赛问题	2016—08	58.00	677
奥数最佳实战题.上卷	2017—06	38.00	760
奥数最佳实战题.下卷	2017—05	58.00	761
哈尔滨市早期中学数学竞赛试题汇编	2016—07	28.00	672
全国高中数学联赛试题及解答:1981—2017(第2版)	2018—05	98.00	920
20世纪50年代全国部分城市数学竞赛试题汇编	2017—07	28.00	797
国内外数学竞赛题及精解:2017～2018	2019—06	45.00	1092
许康华竞赛优学精选集.第一辑	2018—08	68.00	949
天问叶班数学问题征解100题.Ⅰ,2016—2018	2019—05	88.00	1075
美国初中数学竞赛:AMC8准备(共6卷)	2019—07	138.00	1089
美国高中数学竞赛:AMC10准备(共6卷)	2019—08	158.00	1105
高考数学临门一脚(含密押三套卷)(理科版)	2017—01	45.00	743
高考数学临门一脚(含密押三套卷)(文科版)	2017—01	45.00	744
高考数学题型全归纳:文科版.上	2016—05	53.00	663
高考数学题型全归纳:文科版.下	2016—05	53.00	664
高考数学题型全归纳:理科版.上	2016—05	58.00	665
高考数学题型全归纳:理科版.下	2016—05	58.00	666

刘培杰数学工作室
已出版(即将出版)图书目录——初等数学

书 名	出版时间	定 价	编号
王连笑教你怎样学数学:高考选择题解题策略与客观题实用训练	2014—01	48.00	262
王连笑教你怎样学数学:高考数学高层次讲座	2015—02	48.00	432
高考数学的理论与实践	2009—08	38.00	53
高考数学核心题型解题方法与技巧	2010—01	28.00	86
高考思维新平台	2014—03	38.00	259
30分钟拿下高考数学选择题、填空题(理科版)	2016—10	39.80	720
30分钟拿下高考数学选择题、填空题(文科版)	2016—10	39.80	721
高考数学压轴题解题诀窍(上)(第2版)	2018—01	58.00	874
高考数学压轴题解题诀窍(下)(第2版)	2018—01	48.00	875
北京市五区文科数学三年高考模拟题详解:2013～2015	2015—08	48.00	500
北京市五区理科数学三年高考模拟题详解:2013～2015	2015—09	68.00	505
向量法巧解数学高考题	2009—08	28.00	54
高考数学解题金典(第2版)	2017—01	78.00	716
高考物理解题金典(第2版)	2019—05	68.00	717
高考化学解题金典(第2版)	2019—05	58.00	718
我一定要赚分:高中物理	2016—01	38.00	580
数学高考参考	2016—01	78.00	589
2011～2015年全国及各省市高考数学文科精品试题审题要津与解法研究	2015—10	68.00	539
2011～2015年全国及各省市高考数学理科精品试题审题要津与解法研究	2015—10	88.00	540
最新全国及各省市高考数学试卷解法研究及点拨评析	2009—02	38.00	41
2011年全国及各省市高考数学试题审题要津与解法研究	2011—10	48.00	139
2013年全国及各省市高考数学试题解析与点评	2014—01	48.00	282
全国及各省市高考数学试题审题要津与解法研究	2015—02	48.00	450
高中数学章节起始课的教学研究与案例设计	2019—05	28.00	1064
新课标高考数学——五年试题分章详解(2007～2011)(上、下)	2011—10	78.00	140,141
全国中考数学压轴题审题要津与解法研究	2013—04	78.00	248
新编全国及各省市中考数学压轴题审题要津与解法研究	2014—05	58.00	342
全国及各省市5年中考数学压轴题审题要津与解法研究(2015版)	2015—04	58.00	462
中考数学专题总复习	2007—04	28.00	6
中考数学较难题常考题型解题方法与技巧	2016—09	48.00	681
中考数学难题常考题型解题方法与技巧	2016—09	48.00	682
中考数学中档题常考题型解题方法与技巧	2017—08	68.00	835
中考数学选择填空压轴好题妙解365	2017—05	38.00	759
中考数学:三类重点考题的解法例析与习题	2020—04	48.00	1140
中小学数学的历史文化	2019—11	48.00	1124
初中平面几何百题多思创新解	2020—01	58.00	1125
初中数学中考备考	2020—01	58.00	1126
高考数学之九章演义	2019—08	68.00	1044
化学可以这样学:高中化学知识方法智慧感悟疑难辨析	2019—07	58.00	1103
如何成为学习高手	2019—09	58.00	1107
高考数学:经典真题分类解析	2020—04	78.00	1134

刘培杰数学工作室
已出版(即将出版)图书目录——初等数学

书　名	出版时间	定　价	编号
中考数学小压轴汇编初讲	2017－07	48.00	788
中考数学大压轴专题微言	2017－09	48.00	846
怎么解中考平面几何探索题	2019－06	48.00	1093
北京中考数学压轴题解题方法突破(第5版)	2020－01	58.00	1120
助你高考成功的数学解题智慧:知识是智慧的基础	2016－01	58.00	596
助你高考成功的数学解题智慧:错误是智慧的试金石	2016－04	58.00	643
助你高考成功的数学解题智慧:方法是智慧的推手	2016－04	68.00	657
高考数学奇思妙解	2016－04	38.00	610
高考数学解题策略	2016－05	48.00	670
数学解题泄天机(第2版)	2017－10	48.00	850
高考物理压轴题全解	2017－04	48.00	746
高中物理经典问题25讲	2017－05	28.00	764
高中物理教学讲义	2018－01	48.00	871
2016年高考文科数学真题研究	2017－04	58.00	754
2016年高考理科数学真题研究	2017－04	78.00	755
2017年高考理科数学真题研究	2018－01	58.00	867
2017年高考文科数学真题研究	2018－01	48.00	868
初中数学、高中数学脱节知识补缺教材	2017－06	48.00	766
高考数学小题抢分必练	2017－10	48.00	834
高考数学核心素养解读	2017－09	38.00	839
高考数学客观题解题方法和技巧	2017－10	38.00	847
十年高考数学精品试题审题要津与解法研究.上卷	2018－01	68.00	872
十年高考数学精品试题审题要津与解法研究.下卷	2018－01	58.00	873
中国历届高考数学试题及解答.1949—1979	2018－01	38.00	877
历届中国高考数学试题及解答.第二卷,1980—1989	2018－10	28.00	975
历届中国高考数学试题及解答.第三卷,1990—1999	2018－10	48.00	976
数学文化与高考研究	2018－03	48.00	882
跟我学解高中数学题	2018－07	58.00	926
中学数学研究的方法及案例	2018－05	58.00	869
高考数学抢分技能	2018－07	68.00	934
高一新生常用数学方法和重要数学思想提升教材	2018－06	38.00	921
2018年高考数学真题研究	2019－01	68.00	1000
2019年高考数学真题研究	2020－05	88.00	1137
高考数学全国卷16道选择、填空题常考题型解题诀窍.理科	2018－09	88.00	971
高考数学全国卷16道选择、填空题常考题型解题诀窍.文科	2020－01	88.00	1123
高中数学一题多解	2019－06	58.00	1087
新编640个世界著名数学智力趣题	2014－01	88.00	242
500个最新世界著名数学智力趣题	2008－06	48.00	3
400个最新世界著名数学最值问题	2008－09	48.00	36
500个世界著名数学征解问题	2009－06	48.00	52
400个中国最佳初等数学征解老问题	2010－01	48.00	60
500个俄罗斯数学经典老题	2011－01	28.00	81
1000个国外中学物理好题	2012－04	48.00	174
300个日本高考数学题	2012－05	38.00	142
700个早期日本高考数学试题	2017－02	88.00	752
500个前苏联早期高考数学试题及解答	2012－05	28.00	185
546个早期俄罗斯大学生数学竞赛题	2014－03	38.00	285
548个来自美苏的数学好问题	2014－11	28.00	396
20所苏联著名大学早期入学试题	2015－02	18.00	452
161道德国工科大学生必做的微分方程习题	2015－05	28.00	469
500个德国工科大学生必做的高数习题	2015－06	28.00	478
360个数学竞赛问题	2016－08	58.00	677
200个趣味数学故事	2018－02	48.00	857
470个数学奥林匹克中的最值问题	2018－10	88.00	985
德国讲义日本考题.微积分卷	2015－04	48.00	456
德国讲义日本考题.微分方程卷	2015－04	38.00	457
二十世纪中叶中、英、美、日、法、俄高考数学试题精选	2017－06	38.00	783

刘培杰数学工作室
已出版(即将出版)图书目录——初等数学

书　名	出版时间	定　价	编号
中国初等数学研究　2009 卷(第 1 辑)	2009—05	20.00	45
中国初等数学研究　2010 卷(第 2 辑)	2010—05	30.00	68
中国初等数学研究　2011 卷(第 3 辑)	2011—07	60.00	127
中国初等数学研究　2012 卷(第 4 辑)	2012—07	48.00	190
中国初等数学研究　2014 卷(第 5 辑)	2014—02	48.00	288
中国初等数学研究　2015 卷(第 6 辑)	2015—06	68.00	493
中国初等数学研究　2016 卷(第 7 辑)	2016—04	68.00	609
中国初等数学研究　2017 卷(第 8 辑)	2017—01	98.00	712
初等数学研究在中国.第 1 辑	2019—03	158.00	1024
初等数学研究在中国.第 2 辑	2019—10	158.00	1116
几何变换(Ⅰ)	2014—07	28.00	353
几何变换(Ⅱ)	2015—06	28.00	354
几何变换(Ⅲ)	2015—01	38.00	355
几何变换(Ⅳ)	2015—12	38.00	356
初等数论难题集(第一卷)	2009—05	68.00	44
初等数论难题集(第二卷)(上、下)	2011—02	128.00	82,83
数论概貌	2011—03	18.00	93
代数数论(第二版)	2013—08	58.00	94
代数多项式	2014—06	38.00	289
初等数论的知识与问题	2011—02	28.00	95
超越数论基础	2011—03	28.00	96
数论初等教程	2011—03	28.00	97
数论基础	2011—03	18.00	98
数论基础与维诺格拉多夫	2014—03	18.00	292
解析数论基础	2012—08	28.00	216
解析数论基础(第二版)	2014—01	48.00	287
解析数论问题集(第二版)(原版引进)	2014—05	88.00	343
解析数论问题集(第二版)(中译本)	2016—04	88.00	607
解析数论基础(潘承洞,潘承彪著)	2016—07	98.00	673
解析数论导引	2016—07	58.00	674
数论入门	2011—03	38.00	99
代数数论入门	2015—03	38.00	448
数论开篇	2012—07	28.00	194
解析数论引论	2011—03	48.00	100
Barban Davenport Halberstam 均值和	2009—01	40.00	33
基础数论	2011—03	28.00	101
初等数论 100 例	2011—05	18.00	122
初等数论经典例题	2012—07	18.00	204
最新世界各国数学奥林匹克中的初等数论试题(上、下)	2012—01	138.00	144,145
初等数论(Ⅰ)	2012—01	18.00	156
初等数论(Ⅱ)	2012—01	18.00	157
初等数论(Ⅲ)	2012—01	28.00	158

刘培杰数学工作室
已出版(即将出版)图书目录——初等数学

书　名	出版时间	定　价	编号
平面几何与数论中未解决的新老问题	2013—01	68.00	229
代数数论简史	2014—11	28.00	408
代数数论	2015—09	88.00	532
代数、数论及分析习题集	2016—11	98.00	695
数论导引提要及习题解答	2016—01	48.00	559
素数定理的初等证明.第2版	2016—09	48.00	686
数论中的模函数与狄利克雷级数(第二版)	2017—11	78.00	837
数论:数学导引	2018—01	68.00	849
范氏大代数	2019—02	98.00	1016
解析数学讲义.第一卷,导来式及微分、积分、级数	2019—04	88.00	1021
解析数学讲义.第二卷,关于几何的应用	2019—04	68.00	1022
解析数学讲义.第三卷,解析函数论	2019—04	78.00	1023
分析・组合・数论纵横谈	2019—04	58.00	1039
Hall代数:民国时期的中学数学课本:英文	2019—08	88.00	1106
数学精神巡礼	2019—01	58.00	731
数学眼光透视(第2版)	2017—06	78.00	732
数学思想领悟(第2版)	2018—01	68.00	733
数学方法溯源(第2版)	2018—08	68.00	734
数学解题引论	2017—05	58.00	735
数学史话览胜(第2版)	2017—01	48.00	736
数学应用展观(第2版)	2017—08	68.00	737
数学建模尝试	2018—04	48.00	738
数学竞赛采风	2018—01	68.00	739
数学测评探营	2019—05	58.00	740
数学技能操握	2018—03	48.00	741
数学欣赏拾趣	2018—02	48.00	742
从毕达哥拉斯到怀尔斯	2007—10	48.00	9
从迪利克雷到维斯卡尔迪	2008—01	48.00	21
从哥德巴赫到陈景润	2008—05	98.00	35
从庞加莱到佩雷尔曼	2011—08	138.00	136
博弈论精粹	2008—03	58.00	30
博弈论精粹.第二版(精装)	2015—01	88.00	461
数学 我爱你	2008—01	28.00	20
精神的圣徒 别样的人生——60位中国数学家成长的历程	2008—09	48.00	39
数学史概论	2009—06	78.00	50
数学史概论(精装)	2013—03	158.00	272
数学史选讲	2016—01	48.00	544
斐波那契数列	2010—02	28.00	65
数学拼盘和斐波那契魔方	2010—07	38.00	72
斐波那契数列欣赏(第2版)	2018—08	58.00	948
Fibonacci数列中的明珠	2018—06	58.00	928
数学的创造	2011—02	48.00	85
数学美与创造力	2016—01	48.00	595
数海拾贝	2016—01	48.00	590
数学中的美(第2版)	2019—04	68.00	1057
数论中的美学	2014—12	38.00	351

刘培杰数学工作室
已出版(即将出版)图书目录——初等数学

书　名	出版时间	定价	编号
数学王者　科学巨人——高斯	2015—01	28.00	428
振兴祖国数学的圆梦之旅:中国初等数学研究史话	2015—06	98.00	490
二十世纪中国数学史料研究	2015—10	48.00	536
数字谜、数阵图与棋盘覆盖	2016—01	58.00	298
时间的形状	2016—01	38.00	556
数学发现的艺术:数学探索中的合情推理	2016—07	58.00	671
活跃在数学中的参数	2016—07	48.00	675
数学解题——靠数学思想给力(上)	2011—07	38.00	131
数学解题——靠数学思想给力(中)	2011—07	48.00	132
数学解题——靠数学思想给力(下)	2011—07	38.00	133
我怎样解题	2013—01	48.00	227
数学解题中的物理方法	2011—06	28.00	114
数学解题的特殊方法	2011—06	48.00	115
中学数学计算技巧	2012—01	48.00	116
中学数学证明方法	2012—01	58.00	117
数学趣题巧解	2012—03	28.00	128
高中数学教学通鉴	2015—05	58.00	479
和高中生漫谈:数学与哲学的故事	2014—08	28.00	369
算术问题集	2017—03	38.00	789
张教授讲数学	2018—07	38.00	933
陈永明实话实说数学教学	2020—04	68.00	1132
中学数学学科知识与教学能力	2020—06	58.00	1155
自主招生考试中的参数方程问题	2015—01	28.00	435
自主招生考试中的极坐标问题	2015—04	28.00	463
近年全国重点大学自主招生数学试题全解及研究.华约卷	2015—02	38.00	441
近年全国重点大学自主招生数学试题全解及研究.北约卷	2016—05	38.00	619
自主招生数学解证宝典	2015—09	48.00	535
格点和面积	2012—07	18.00	191
射影几何趣谈	2012—04	28.00	175
斯潘纳尔引理——从一道加拿大数学奥林匹克试题谈起	2014—01	28.00	228
李普希兹条件——从几道近年高考数学试题谈起	2012—10	18.00	221
拉格朗日中值定理——从一道北京高考试题的解法谈起	2015—10	18.00	197
闵科夫斯基定理——从一道清华大学自主招生试题谈起	2014—01	28.00	198
哈尔测度——从一道冬令营试题的背景谈起	2012—08	28.00	202
切比雪夫逼近问题——从一道中国台北数学奥林匹克试题谈起	2013—04	38.00	238
伯恩斯坦多项式与贝齐尔曲面——从一道全国高中数学联赛试题谈起	2013—03	38.00	236
卡塔兰猜想——从一道普特南竞赛试题谈起	2013—06	18.00	256
麦卡锡函数和阿克曼函数——从一道前南斯拉夫数学奥林匹克试题谈起	2012—08	18.00	201
贝蒂定理与拉姆贝莫斯尔定理——从一个拣石子游戏谈起	2012—08	18.00	217
皮亚诺曲线和豪斯道夫分球定理——从无限集谈起	2012—08	18.00	211
平面凸图形与凸多面体	2012—10	28.00	218
斯坦因豪斯问题——从一道二十五省市自治区中学数学竞赛试题谈起	2012—07	18.00	196

刘培杰数学工作室
已出版(即将出版)图书目录——初等数学

书　名	出版时间	定　价	编号
纽结理论中的亚历山大多项式与琼斯多项式——从一道北京市高一数学竞赛试题谈起	2012—07	28.00	195
原则与策略——从波利亚"解题表"谈起	2013—04	38.00	244
转化与化归——从三大尺规作图不能问题谈起	2012—08	28.00	214
代数几何中的贝祖定理(第一版)——从一道 IMO 试题的解法谈起	2013—08	18.00	193
成功连贯理论与约当块理论——从一道比利时数学竞赛试题谈起	2012—04	18.00	180
素数判定与大数分解	2014—08	18.00	199
置换多项式及其应用	2012—10	18.00	220
椭圆函数与模函数——从一道美国加州大学洛杉矶分校(UCLA)博士资格考题谈起	2012—10	28.00	219
差分方程的拉格朗日方法——从一道 2011 年全国高考理科试题的解法谈起	2012—08	28.00	200
力学在几何中的一些应用	2013—01	38.00	240
从根式解到伽罗华理论	2020—01	48.00	1121
康托洛维奇不等式——从一道全国高中联赛试题谈起	2013—03	28.00	337
西格尔引理——从一道第 18 届 IMO 试题的解法谈起	即将出版		
罗斯定理——从一道前苏联数学竞赛试题谈起	即将出版		
拉克斯定理和阿廷定理——从一道 IMO 试题的解法谈起	2014—01	58.00	246
毕卡大定理——从一道美国大学数学竞赛试题谈起	2014—07	18.00	350
贝齐尔曲线——从一道全国高中联赛试题谈起	即将出版		
拉格朗日乘子定理——从一道 2005 年全国高中联赛试题的高等数学解法谈起	2015—05	28.00	480
雅可比定理——从一道日本数学奥林匹克试题谈起	2013—04	48.00	249
李天岩—约克定理——从一道波兰数学竞赛试题谈起	2014—06	28.00	349
整系数多项式因式分解的一般方法——从克朗耐克算法谈起	即将出版		
布劳维不动点定理——从一道前苏联数学奥林匹克试题谈起	2014—01	38.00	273
伯恩赛德定理——从一道英国数学奥林匹克试题谈起	即将出版		
布查特—莫斯特定理——从一道上海市初中竞赛试题谈起	即将出版		
数论中的同余数问题——从一道普特南竞赛试题谈起	即将出版		
范·德蒙行列式——从一道美国数学奥林匹克试题谈起	即将出版		
中国剩余定理:总数法构建中国历史年表	2015—01	28.00	430
牛顿程序与方程求根——从一道全国高考试题解法谈起	即将出版		
库默尔定理——从一道 IMO 预选试题谈起	即将出版		
卢丁定理——从一道冬令营试题的解法谈起	即将出版		
沃斯滕霍姆定理——从一道 IMO 预选试题谈起	即将出版		
卡尔松不等式——从一道莫斯科数学奥林匹克试题谈起	即将出版		
信息论中的香农熵——从一道近年高考压轴题谈起	即将出版		
约当不等式——从一道希望杯竞赛试题谈起	即将出版		
拉比诺维奇定理	即将出版		
刘维尔定理——从一道《美国数学月刊》征解问题的解法谈起	即将出版		
卡塔兰恒等式与级数求和——从一道 IMO 试题的解法谈起	即将出版		
勒让德猜想与素数分布——从一道爱尔兰竞赛试题谈起	即将出版		
天平称重与信息论——从一道基辅市数学奥林匹克试题谈起	即将出版		
哈密尔顿—凯莱定理:从一道高中数学联赛试题的解法谈起	2014—09	18.00	376
艾思特曼定理——从一道 CMO 试题的解法谈起	即将出版		

刘培杰数学工作室
已出版(即将出版)图书目录——初等数学

书 名	出版时间	定 价	编号
阿贝尔恒等式与经典不等式及应用	2018—06	98.00	923
迪利克雷除数问题	2018—07	48.00	930
幻方、幻立方与拉丁方	2019—08	48.00	1092
帕斯卡三角形	2014—03	18.00	294
蒲丰投针问题——从2009年清华大学的一道自主招生试题谈起	2014—01	38.00	295
斯图姆定理——从一道"华约"自主招生试题的解法谈起	2014—01	18.00	296
许瓦兹引理——从一道加利福尼亚大学伯克利分校数学系博士生试题谈起	2014—08	18.00	297
拉姆塞定理——从王诗宬院士的一个问题谈起	2016—04	48.00	299
坐标法	2013—12	28.00	332
数论三角形	2014—04	38.00	341
毕克定理	2014—07	18.00	352
数林掠影	2014—09	48.00	389
我们周围的概率	2014—10	38.00	390
凸函数最值定理:从一道华约自主招生题的解法谈起	2014—10	28.00	391
易学与数学奥林匹克	2014—10	38.00	392
生物数学趣谈	2015—01	18.00	409
反演	2015—01	28.00	420
因式分解与圆锥曲线	2015—01	18.00	426
轨迹	2015—01	28.00	427
面积原理:从常庚哲命的一道CMO试题的积分解法谈起	2015—01	48.00	431
形形色色的不动点定理:从一道28届IMO试题谈起	2015—01	38.00	439
柯西函数方程:从一道上海交大自主招生的试题谈起	2015—02	28.00	440
三角恒等式	2015—02	28.00	442
无理性判定:从一道2014年"北约"自主招生试题谈起	2015—01	38.00	443
数学归纳法	2015—03	18.00	451
极端原理与解题	2015—04	28.00	464
法雷级数	2014—08	18.00	367
摆线族	2015—01	38.00	438
函数方程及其解法	2015—05	38.00	470
含参数的方程和不等式	2012—09	28.00	213
希尔伯特第十问题	2016—01	38.00	543
无穷小量的求和	2016—01	28.00	545
切比雪夫多项式:从一道清华大学金秋营试题谈起	2016—01	38.00	583
泽肯多夫定理	2016—03	38.00	599
代数等式证题法	2016—01	28.00	600
三角等式证题法	2016—01	28.00	601
吴大任教授藏书中的一个因式分解公式:从一道美国数学邀请赛试题的解法谈起	2016—06	28.00	656
易卦——类万物的数学模型	2017—08	68.00	838
"不可思议"的数与数系可持续发展	2018—01	38.00	878
最短线	2018—01	38.00	879
幻方和魔方(第一卷)	2012—05	68.00	173
尘封的经典——初等数学经典文献选读(第一卷)	2012—07	48.00	205
尘封的经典——初等数学经典文献选读(第二卷)	2012—07	38.00	206
初级方程式论	2011—03	28.00	106
初等数学研究(Ⅰ)	2008—09	68.00	37
初等数学研究(Ⅱ)(上、下)	2009—05	118.00	46,47

刘培杰数学工作室
已出版(即将出版)图书目录——初等数学

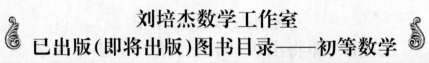

书　名	出版时间	定价	编号
趣味初等方程妙题集锦	2014－09	48.00	388
趣味初等数论选美与欣赏	2015－02	48.00	445
耕读笔记(上卷):一位农民数学爱好者的初数探索	2015－04	28.00	459
耕读笔记(中卷):一位农民数学爱好者的初数探索	2015－05	28.00	483
耕读笔记(下卷):一位农民数学爱好者的初数探索	2015－05	28.00	484
几何不等式研究与欣赏.上卷	2016－01	88.00	547
几何不等式研究与欣赏.下卷	2016－01	48.00	552
初等数列研究与欣赏·上	2016－01	48.00	570
初等数列研究与欣赏·下	2016－01	48.00	571
趣味初等函数研究与欣赏.上	2016－09	48.00	684
趣味初等函数研究与欣赏.下	2018－09	48.00	685
火柴游戏	2016－05	38.00	612
智力解谜.第1卷	2017－07	38.00	613
智力解谜.第2卷	2017－07	38.00	614
故事智力	2016－07	48.00	615
名人们喜欢的智力问题	2020－01	48.00	616
数学大师的发现、创造与失误	2018－01	48.00	617
异曲同工	2018－09	48.00	618
数学的味道	2018－01	58.00	798
数学千字文	2018－10	68.00	977
数贝偶拾——高考数学题研究	2014－04	28.00	274
数贝偶拾——初等数学研究	2014－04	38.00	275
数贝偶拾——奥数题研究	2014－04	48.00	276
钱昌本教你快乐学数学(上)	2011－12	48.00	155
钱昌本教你快乐学数学(下)	2012－03	58.00	171
集合、函数与方程	2014－01	28.00	300
数列与不等式	2014－01	38.00	301
三角与平面向量	2014－01	28.00	302
平面解析几何	2014－01	38.00	303
立体几何与组合	2014－01	28.00	304
极限与导数、数学归纳法	2014－01	38.00	305
趣味数学	2014－03	28.00	306
教材教法	2014－04	68.00	307
自主招生	2014－05	58.00	308
高考压轴题(上)	2015－01	48.00	309
高考压轴题(下)	2014－10	68.00	310
从费马到怀尔斯——费马大定理的历史	2013－10	198.00	I
从庞加莱到佩雷尔曼——庞加莱猜想的历史	2013－10	298.00	II
从切比雪夫到爱尔特希(上)——素数定理的初等证明	2013－07	48.00	III
从切比雪夫到爱尔特希(下)——素数定理100年	2012－12	98.00	III
从高斯到盖尔方特——二次域的高斯猜想	2013－10	198.00	IV
从库默尔到朗兰兹——朗兰兹猜想的历史	2014－01	98.00	V
从比勃巴赫到德布朗斯——比勃巴赫猜想的历史	2014－02	298.00	VI
从麦比乌斯到陈省身——麦比乌斯变换与麦比乌斯带	2014－02	298.00	VII
从布尔到豪斯道夫——布尔方程与格论漫谈	2013－10	198.00	VIII
从开普勒到阿诺德——三体问题的历史	2014－05	298.00	IX
从华林到华罗庚——华林问题的历史	2013－10	298.00	X

刘培杰数学工作室
已出版(即将出版)图书目录——初等数学

书　　名	出版时间	定　价	编号
美国高中数学竞赛五十讲.第1卷(英文)	2014－08	28.00	357
美国高中数学竞赛五十讲.第2卷(英文)	2014－08	28.00	358
美国高中数学竞赛五十讲.第3卷(英文)	2014－09	28.00	359
美国高中数学竞赛五十讲.第4卷(英文)	2014－09	28.00	360
美国高中数学竞赛五十讲.第5卷(英文)	2014－10	28.00	361
美国高中数学竞赛五十讲.第6卷(英文)	2014－11	28.00	362
美国高中数学竞赛五十讲.第7卷(英文)	2014－12	28.00	363
美国高中数学竞赛五十讲.第8卷(英文)	2015－01	28.00	364
美国高中数学竞赛五十讲.第9卷(英文)	2015－01	28.00	365
美国高中数学竞赛五十讲.第10卷(英文)	2015－02	38.00	366
三角函数(第2版)	2017－04	38.00	626
不等式	2014－01	38.00	312
数列	2014－01	38.00	313
方程(第2版)	2017－04	38.00	624
排列和组合	2014－01	28.00	315
极限与导数(第2版)	2016－04	38.00	635
向量(第2版)	2018－08	58.00	627
复数及其应用	2014－08	28.00	318
函数	2014－01	38.00	319
集合	2020－01	48.00	320
直线与平面	2014－01	28.00	321
立体几何(第2版)	2016－04	38.00	629
解三角形	即将出版		323
直线与圆(第2版)	2016－11	38.00	631
圆锥曲线(第2版)	2016－09	48.00	632
解题通法(一)	2014－07	38.00	326
解题通法(二)	2014－07	38.00	327
解题通法(三)	2014－05	38.00	328
概率与统计	2014－01	28.00	329
信息迁移与算法	即将出版		330
IMO 50 年.第1卷(1959－1963)	2014－11	28.00	377
IMO 50 年.第2卷(1964－1968)	2014－11	28.00	378
IMO 50 年.第3卷(1969－1973)	2014－09	28.00	379
IMO 50 年.第4卷(1974－1978)	2016－04	38.00	380
IMO 50 年.第5卷(1979－1984)	2015－04	38.00	381
IMO 50 年.第6卷(1985－1989)	2015－04	58.00	382
IMO 50 年.第7卷(1990－1994)	2016－01	48.00	383
IMO 50 年.第8卷(1995－1999)	2016－06	38.00	384
IMO 50 年.第9卷(2000－2004)	2015－04	58.00	385
IMO 50 年.第10卷(2005－2009)	2016－01	48.00	386
IMO 50 年.第11卷(2010－2015)	2017－03	48.00	646

刘培杰数学工作室
已出版(即将出版)图书目录——初等数学

书 名	出版时间	定 价	编号
数学反思(2006—2007)	即将出版		915
数学反思(2008—2009)	2019—01	68.00	917
数学反思(2010—2011)	2018—05	58.00	916
数学反思(2012—2013)	2019—01	58.00	918
数学反思(2014—2015)	2019—03	78.00	919
历届美国大学生数学竞赛试题集.第一卷(1938—1949)	2015—01	28.00	397
历届美国大学生数学竞赛试题集.第二卷(1950—1959)	2015—01	28.00	398
历届美国大学生数学竞赛试题集.第三卷(1960—1969)	2015—01	28.00	399
历届美国大学生数学竞赛试题集.第四卷(1970—1979)	2015—01	18.00	400
历届美国大学生数学竞赛试题集.第五卷(1980—1989)	2015—01	28.00	401
历届美国大学生数学竞赛试题集.第六卷(1990—1999)	2015—01	28.00	402
历届美国大学生数学竞赛试题集.第七卷(2000—2009)	2015—08	18.00	403
历届美国大学生数学竞赛试题集.第八卷(2010—2012)	2015—01	18.00	404
新课标高考数学创新解题诀窍:总论	2014—09	28.00	372
新课标高考数学创新解题诀窍:必修1～5分册	2014—08	38.00	373
新课标高考数学创新题解题诀窍:选修2—1,2—2,1—1,1—2分册	2014—09	38.00	374
新课标高考数学创新题解题诀窍:选修2—3,4—4,4—5分册	2014—09	18.00	375
全国重点大学自主招生英文数学试题全攻略:词汇卷	2015—07	48.00	410
全国重点大学自主招生英文数学试题全攻略:概念卷	2015—01	28.00	411
全国重点大学自主招生英文数学试题全攻略:文章选读卷(上)	2016—09	38.00	412
全国重点大学自主招生英文数学试题全攻略:文章选读卷(下)	2017—01	58.00	413
全国重点大学自主招生英文数学试题全攻略:试题卷	2015—07	38.00	414
全国重点大学自主招生英文数学试题全攻略:名著欣赏卷	2017—03	48.00	415
劳埃德数学趣题大全.题目卷.1:英文	2016—01	18.00	516
劳埃德数学趣题大全.题目卷.2:英文	2016—01	18.00	517
劳埃德数学趣题大全.题目卷.3:英文	2016—01	18.00	518
劳埃德数学趣题大全.题目卷.4:英文	2016—01	18.00	519
劳埃德数学趣题大全.题目卷.5:英文	2016—01	18.00	520
劳埃德数学趣题大全.答案卷:英文	2016—01	18.00	521
李成章教练奥数笔记.第1卷	2016—01	48.00	522
李成章教练奥数笔记.第2卷	2016—01	48.00	523
李成章教练奥数笔记.第3卷	2016—01	38.00	524
李成章教练奥数笔记.第4卷	2016—01	38.00	525
李成章教练奥数笔记.第5卷	2016—01	38.00	526
李成章教练奥数笔记.第6卷	2016—01	38.00	527
李成章教练奥数笔记.第7卷	2016—01	38.00	528
李成章教练奥数笔记.第8卷	2016—01	48.00	529
李成章教练奥数笔记.第9卷	2016—01	28.00	530

刘培杰数学工作室
已出版(即将出版)图书目录——初等数学

书　名	出版时间	定　价	编号
第19~23届"希望杯"全国数学邀请赛试题审题要津详细评注(初一版)	2014—03	28.00	333
第19~23届"希望杯"全国数学邀请赛试题审题要津详细评注(初二、初三版)	2014—03	38.00	334
第19~23届"希望杯"全国数学邀请赛试题审题要津详细评注(高一版)	2014—03	28.00	335
第19~23届"希望杯"全国数学邀请赛试题审题要津详细评注(高二版)	2014—03	38.00	336
第19~25届"希望杯"全国数学邀请赛试题审题要津详细评注(初一版)	2015—01	38.00	416
第19~25届"希望杯"全国数学邀请赛试题审题要津详细评注(初二、初三版)	2015—01	58.00	417
第19~25届"希望杯"全国数学邀请赛试题审题要津详细评注(高一版)	2015—01	48.00	418
第19~25届"希望杯"全国数学邀请赛试题审题要津详细评注(高二版)	2015—01	48.00	419
物理奥林匹克竞赛大题典——力学卷	2014—11	48.00	405
物理奥林匹克竞赛大题典——热学卷	2014—04	28.00	339
物理奥林匹克竞赛大题典——电磁学卷	2015—07	48.00	406
物理奥林匹克竞赛大题典——光学与近代物理卷	2014—06	28.00	345
历届中国东南地区数学奥林匹克试题集(2004~2012)	2014—06	18.00	346
历届中国西部地区数学奥林匹克试题集(2001~2012)	2014—07	18.00	347
历届中国女子数学奥林匹克试题集(2002~2012)	2014—08	18.00	348
数学奥林匹克在中国	2014—06	98.00	344
数学奥林匹克问题集	2014—01	38.00	267
数学奥林匹克不等式散论	2010—06	38.00	124
数学奥林匹克不等式欣赏	2011—09	38.00	138
数学奥林匹克超级题库(初中卷上)	2010—01	58.00	66
数学奥林匹克不等式证明方法和技巧(上、下)	2011—08	158.00	134,135
他们学什么:原民主德国中学数学课本	2016—09	38.00	658
他们学什么:英国中学数学课本	2016—09	38.00	659
他们学什么:法国中学数学课本.1	2016—09	38.00	660
他们学什么:法国中学数学课本.2	2016—09	28.00	661
他们学什么:法国中学数学课本.3	2016—09	38.00	662
他们学什么:苏联中学数学课本	2016—09	28.00	679
高中数学题典——集合与简易逻辑·函数	2016—07	48.00	647
高中数学题典——导数	2016—07	48.00	648
高中数学题典——三角函数·平面向量	2016—07	48.00	649
高中数学题典——数列	2016—07	58.00	650
高中数学题典——不等式·推理与证明	2016—07	38.00	651
高中数学题典——立体几何	2016—07	48.00	652
高中数学题典——平面解析几何	2016—07	78.00	653
高中数学题典——计数原理·统计·概率·复数	2016—07	48.00	654
高中数学题典——算法·平面几何·初等数论·组合数学·其他	2016—07	68.00	655

刘培杰数学工作室
已出版(即将出版)图书目录——初等数学

书　　名	出版时间	定　价	编号
台湾地区奥林匹克数学竞赛试题.小学一年级	2017—03	38.00	722
台湾地区奥林匹克数学竞赛试题.小学二年级	2017—03	38.00	723
台湾地区奥林匹克数学竞赛试题.小学三年级	2017—03	38.00	724
台湾地区奥林匹克数学竞赛试题.小学四年级	2017—03	38.00	725
台湾地区奥林匹克数学竞赛试题.小学五年级	2017—03	38.00	726
台湾地区奥林匹克数学竞赛试题.小学六年级	2017—03	38.00	727
台湾地区奥林匹克数学竞赛试题.初中一年级	2017—03	38.00	728
台湾地区奥林匹克数学竞赛试题.初中二年级	2017—03	38.00	729
台湾地区奥林匹克数学竞赛试题.初中三年级	2017—03	28.00	730
不等式证题法	2017—04	28.00	747
平面几何培优教程	2019—08	88.00	748
奥数鼎级培优教程.高一分册	2018—09	88.00	749
奥数鼎级培优教程.高二分册.上	2018—04	68.00	750
奥数鼎级培优教程.高二分册.下	2018—04	68.00	751
高中数学竞赛冲刺宝典	2019—04	68.00	883
初中尖子生数学超级题典.实数	2017—07	58.00	792
初中尖子生数学超级题典.式、方程与不等式	2017—08	58.00	793
初中尖子生数学超级题典.圆、面积	2017—08	38.00	794
初中尖子生数学超级题典.函数、逻辑推理	2017—08	48.00	795
初中尖子生数学超级题典.角、线段、三角形与多边形	2017—07	58.00	796
数学王子——高斯	2018—01	48.00	858
坎坷奇星——阿贝尔	2018—01	48.00	859
闪烁奇星——伽罗瓦	2018—01	58.00	860
无穷统帅——康托尔	2018—01	48.00	861
科学公主——柯瓦列夫斯卡娅	2018—01	48.00	862
抽象代数之母——埃米·诺特	2018—01	48.00	863
电脑先驱——图灵	2018—01	58.00	864
昔日神童——维纳	2018—01	48.00	865
数坛怪侠——爱尔特希	2018—01	68.00	866
传奇数学家徐利治	2019—09	88.00	1110
当代世界中的数学.数学思想与数学基础	2019—01	38.00	892
当代世界中的数学.数学问题	2019—01	38.00	893
当代世界中的数学.应用数学与数学应用	2019—01	38.00	894
当代世界中的数学.数学王国的新疆域(一)	2019—01	38.00	895
当代世界中的数学.数学王国的新疆域(二)	2019—01	38.00	896
当代世界中的数学.数林撷英(一)	2019—01	38.00	897
当代世界中的数学.数林撷英(二)	2019—01	48.00	898
当代世界中的数学.数学之路	2019—01	38.00	899

刘培杰数学工作室
已出版(即将出版)图书目录——初等数学

书　名	出版时间	定　价	编号
105 个代数问题:来自 AwesomeMath 夏季课程	2019—02	58.00	956
106 个几何问题:来自 AwesomeMath 夏季课程	即将出版		957
107 个几何问题:来自 AwesomeMath 全年课程	即将出版		958
108 个代数问题:来自 AwesomeMath 全年课程	2019—01	68.00	959
109 个不等式:来自 AwesomeMath 夏季课程	2019—04	58.00	960
国际数学奥林匹克中的 110 个几何问题	即将出版		961
111 个代数和数论问题	2019—05	58.00	962
112 个组合问题:来自 AwesomeMath 夏季课程	2019—05	58.00	963
113 个几何不等式:来自 AwesomeMath 夏季课程	即将出版		964
114 个指数和对数问题:来自 AwesomeMath 夏季课程	2019—09	48.00	965
115 个三角问题:来自 AwesomeMath 夏季课程	2019—09	58.00	966
116 个代数不等式:来自 AwesomeMath 全年课程	2019—04	58.00	967
紫色彗星国际数学竞赛试题	2019—02	58.00	999
数学竞赛中的数学:为数学爱好者、父母、教师和教练准备的丰富资源.第一部	2020—04	58.00	1141
澳大利亚中学数学竞赛试题及解答(初级卷)1978~1984	2019—02	28.00	1002
澳大利亚中学数学竞赛试题及解答(初级卷)1985~1991	2019—02	28.00	1003
澳大利亚中学数学竞赛试题及解答(初级卷)1992~1998	2019—02	28.00	1004
澳大利亚中学数学竞赛试题及解答(初级卷)1999~2005	2019—02	28.00	1005
澳大利亚中学数学竞赛试题及解答(中级卷)1978~1984	2019—03	28.00	1006
澳大利亚中学数学竞赛试题及解答(中级卷)1985~1991	2019—03	28.00	1007
澳大利亚中学数学竞赛试题及解答(中级卷)1992~1998	2019—03	28.00	1008
澳大利亚中学数学竞赛试题及解答(中级卷)1999~2005	2019—03	28.00	1009
澳大利亚中学数学竞赛试题及解答(高级卷)1978~1984	2019—05	28.00	1010
澳大利亚中学数学竞赛试题及解答(高级卷)1985~1991	2019—05	28.00	1011
澳大利亚中学数学竞赛试题及解答(高级卷)1992~1998	2019—05	28.00	1012
澳大利亚中学数学竞赛试题及解答(高级卷)1999~2005	2019—05	28.00	1013
天才中小学生智力测验题.第一卷	2019—03	38.00	1026
天才中小学生智力测验题.第二卷	2019—03	38.00	1027
天才中小学生智力测验题.第三卷	2019—03	38.00	1028
天才中小学生智力测验题.第四卷	2019—03	38.00	1029
天才中小学生智力测验题.第五卷	2019—03	38.00	1030
天才中小学生智力测验题.第六卷	2019—03	38.00	1031
天才中小学生智力测验题.第七卷	2019—03	38.00	1032
天才中小学生智力测验题.第八卷	2019—03	38.00	1033
天才中小学生智力测验题.第九卷	2019—03	38.00	1034
天才中小学生智力测验题.第十卷	2019—03	38.00	1035
天才中小学生智力测验题.第十一卷	2019—03	38.00	1036
天才中小学生智力测验题.第十二卷	2019—03	38.00	1037
天才中小学生智力测验题.第十三卷	2019—03	38.00	1038

刘培杰数学工作室
已出版(即将出版)图书目录——初等数学

书　名	出版时间	定　价	编号
重点大学自主招生数学备考全书:函数	2020—05	48.00	1047
重点大学自主招生数学备考全书:导数	即将出版		1048
重点大学自主招生数学备考全书:数列与不等式	2019—10	78.00	1049
重点大学自主招生数学备考全书:三角函数与平面向量	即将出版		1050
重点大学自主招生数学备考全书:平面解析几何	2020—07	58.00	1051
重点大学自主招生数学备考全书:立体几何与平面几何	2019—08	48.00	1052
重点大学自主招生数学备考全书:排列组合·概率统计·复数	2019—09	48.00	1053
重点大学自主招生数学备考全书:初等数论与组合数学	2019—08	48.00	1054
重点大学自主招生数学备考全书:重点大学自主招生真题.上	2019—04	68.00	1055
重点大学自主招生数学备考全书:重点大学自主招生真题.下	2019—04	58.00	1056
高中数学竞赛培训教程:平面几何问题的求解方法与策略.上	2018—05	68.00	906
高中数学竞赛培训教程:平面几何问题的求解方法与策略.下	2018—06	78.00	907
高中数学竞赛培训教程:整除与同余以及不定方程	2018—01	88.00	908
高中数学竞赛培训教程:组合计数与组合极值	2018—04	48.00	909
高中数学竞赛培训教程:初等代数	2019—04	78.00	1042
高中数学讲座:数学竞赛基础教程(第一册)	2019—06	48.00	1094
高中数学讲座:数学竞赛基础教程(第二册)	即将出版		1095
高中数学讲座:数学竞赛基础教程(第三册)	即将出版		1096
高中数学讲座:数学竞赛基础教程(第四册)	即将出版		1097

联系地址:哈尔滨市南岗区复华四道街 10 号　哈尔滨工业大学出版社刘培杰数学工作室
网　　址:http://lpj.hit.edu.cn/
邮　　编:150006
联系电话:0451—86281378　　13904613167
E-mail:lpj1378@163.com